호감 있는
아이로 키우는
엄마 공부

(일러두기)
- 본문에서 언급되는 나이는 만 연령입니다.
- 최대한 원서에 가깝게 번역했지만 내용 중 일본 현황을 다루어 국내 실정에 맞지 않는 부분은 편집을 통해 수정·보완했습니다.

SEKAI HYOJUN NO KOSODATE
by Toru Funatsu

Copyright ⓒ 2017 Toru Funatsu
Korean translation copyright ⓒ 2018 by Yeamoon Archive Co., Ltd.
All rights reserved.
Original Japanese language edition published by Diamond, Inc.
Korean translation rights arranged with Diamond, Inc. through BC Agency.

호감 있는 아이로 키우는 엄마 공부

후나츠 토루 지음

황미숙 옮김

아이의 행복을 위한 엄마 공부

'내 아이가 행복하게 살면 좋겠다!'

아이가 세상에 태어나고 처음 가슴에 품었을 때 모든 엄마가 바라는 일입니다. 과거에도 현재도 이 바람은 변함이 없습니다. 각자의 바람이 조금은 다르겠지만, 분명 많은 엄마들은 비슷한 생각을 가지고 있을 것입니다.

'정신적으로 물질적으로 풍요로운 인생을 살았으면 좋겠다!'

'사회에 도움이 되는 사람으로 자라기를 바란다!'

'착하고 한결같은 사람이 되면 좋겠다!'

'사람들에게 호감을 사는 아이가 되면 좋겠다!'

그렇다면 아이를 위해 엄마가 해줄 수 있는 방법은 무엇일까요?

이 책은 전세계에서 실제로 효과를 본 육아법과 연구과정을 바탕으로, 다양한 성공과 실패 사례를 소개하며 '미래 글로벌 시대에 육아의 기준이 될 만한 이론과 노하우'를 체계화했습니다.

즉, 일본, 미국, 북유럽, 중국, 인도 등 여러 나라의 육아법 중에서 좋은 점을 접목해보는 소위 '하이브리드형' 육아법으로, 호감 있는 아이로 키우기 위해 엄마가 해줄 수 있는 방법을 선별했습니다.

최근 십수 년만 하더라도 세상은 급속도로 변화했습니다. 일찍이 이토록 정보가 넘쳐나고, 기술발전이 빠른 시대도 없었습니다. 예전부터 존재하던 직업이 점차 자취를 감추고 있으며 "20년 후에는 지금의 직업 중 90퍼센트가 사라진다"는 무서운 예고를 하는 사람도 있습니다.

과연 정말로 그렇게 될지는 모르겠지만 한 가지 확실한 것이 있습니다. 바로 지금보다 더 높은 세계화의 파도에 휩쓸리며, 4차 산업혁명으로 인해 기술발전은 더 빨라질 거라는 것입니다. 실제로 사람, 물건, 돈의 흐름은 국경을 초월했으며 그 흐름은 나날이 빨라지고 있습니다.

한편 세계화에 뒤처진 많은 젊은이들은 "일류대학을 졸업해도 취직을 못한다"고 할 만큼 심각한 구직난에 시달리고 있습니다. 과연 이것이 남의 일일까요? 지금의 아이들이 사회에 발을 내딛을 20년 후의 미래에는 기업의 고용이 더욱 국제화되면서 전세계의 젊은이들은 서로 좋은 일자리, 더 많은 임금을 주는 일을 두고 경쟁하게 될 것입니다.

과거의 산업혁명이나 IT 혁명이 그러했듯이 사회가 새로운 시대로 변화하는 과도기에는 '변화에 적응할 수 있는 사람'과 '그렇지 못한 사람' 사이에 격차가 발생합니다.

그런데 과거부터 현재에 이르기까지 우리의 교육관은 크게 달라지지 않았습니다. 어릴 때는 가정에서 예의범절을 가르치고, 초등학교 때부터는 학교에서 교과학습을 통해 학력을 키웁니다. 어떻게 보면 아주 간단한 구조라고도 할 수 있지요.

하지만 시대는 많이 달라졌습니다. 다양한 가치관과 정보가 쏟아지는 미래 사회에 아이들이 제대로 살아가려면 예의범절과 읽기, 쓰기, 계산 등의 교육만으로는 부족합니다.

상황이 이러한데 가정에서 이루어지는 육아에 '이것이 정답!'이라고 할 수 있는 확실한 기준이 없습니다. 그래서 우리는 아이를 키우며 많은 질문을 하게 됩니다.

- 적극적인 성격으로 키우는 방법은 무엇일까?
- 훈육을 하기에 적절한 시기는 언제일까?
- 정신력을 강하게 하기 위해 무엇이 필요할까?
- 몇 살부터 공부를 시키는 것이 좋을까?
- 공부를 시키기 위해 꼭 학원에 보내야 할까?
- 미술, 운동, 악기 등을 배우게 하는 것이 좋을까?

- 형제가 생긴 후에 주의해야 할 점은 무엇일까?

- 남자아이와 여자아이의 육아는 무슨 차이가 있을까?

- 육아에서 아빠와 엄마의 역할은 어떻게 다를까?

이런 질문에 대한 해결책으로, 이 책에서는 세계의 여러 육아법을 확인하며 아무리 시대가 급변해도 효과적인 육아법을 알려주고자 합니다. 특히, 육아의 중심이 되는 엄마가 아이에게 관심을 갖고 공부하면, 아이의 자존감을 높이고 호감 있는 아이로 키울 수 있다는 것이 핵심입니다.

필자는 일본에서 유아교육회사에서 일하고 영어교재 제작회사를 설립했습니다. 그 후 미국으로 이주해서 호놀룰루, 로스앤젤레스, 상하이에 영어학교를 설립해 운영하고 있습니다. 학교에는 일본인, 한국인, 중국인, 인도인, 베트남인 등 아시아 여러 국가의 아이들이 다니고 있지요. 영어는 물론이고 사고력과 문제해결능력, 의사소통능력 등 통합적인 학습의 장으로서 학교를 운영하고 있습니다.

지금까지 4,000명 이상의 아이들을 맡아왔으며 그들은 훗날 하버드대학, 예일대학 등 세계적인 명문대학에 진학했고, 현재 글로벌기업에 취직하며 국제적으로 활약하고 있습니다.

하지만 그들이 모두 처음부터 우수했던 것은 아니었습니다. 누구나 한 번은 '경쟁의 장벽'을 느끼며 좌절하고, 자신감을 잃는 경험을 합니다. 이때 아이를 붙잡아주는 것은 어려움에 굴복하지 않는 '자존감'입니다. 자존감이 높으면 호감 있는 아이로 자라고, 결국 공부도 잘하고 친구도 많아지는 선순환이 이루어집니다. 그런데 이 자존감은 아이가 원한다고 마음대로 얻어지는 것이 아닙니다. 육아법을 통해 지니게 되는 후천적인 자질이기 때문입니다.

그렇다면 구체적으로 무엇이 필요할까요? 20년이 넘도록 일본과 미국 등 여러 나라의 교육현장을 지켜보며 그 답을 찾았습니다. 이 책을 통해 학문적인 이론을 바탕에 두면서도 많은 엄마들이 부딪히는 육아 문제를 어떻게 대처해야 하는지 구체적인 방법을 소개해드리고자 합니다.

제1장에서는 세계 각국의 육아 사례에서 특이점을 찾아보고, 배워야 할 점을 요약합니다.

제2장에서는 많은 엄마가 당연한 것이라고 여기지만 실제로는 아이에게 악영향을 주는 일곱 가지 하지 말아야 할 것에 대해 살펴봅니다.

제3장에서는 육아의 근간이 되는 세 가지 조건인 자신감, 사고력, 의사소통능력에 대해 이야기합니다.

그리고 제4장부터 제6장까지는 아이에게 자신감, 사고력, 의사소통능력을 키워주기 위해 구체적으로 무엇을 하면 될지에 대한 육아법인 '엄마 공부'로 구성했습니다. 유아기(0~6세), 초등학생(7~12세), 중고생(13세 이후)의 세 단계로 나누어 엄마가 해야 할 일을 알아봅니다.

마지막으로 제7장에서는, 많은 엄마가 부딪히게 되는 육아의 벽이 무엇인지 알아보고 해결방법을 소개합니다.

부록으로는, 부모들이 가장 궁금해하는 질문을 시기별로 나누어 Q&A방식으로 실었습니다.

이 책에 나오는 육아법은 아이를 단순히 엘리트로 만들기 위한 것이 아닙니다. '아이가 급변하는 환경에서도 굳건하게 살아가려면 엄마로서 어떤 도움을 줘야 할까?'에 대한 훌륭한 지침을 담고 있습니다.

부디 자신의 육아를 되돌아보는 의미에서, 또 앞으로 육아를 더 잘하기 위해 참고하면 감사하겠습니다.

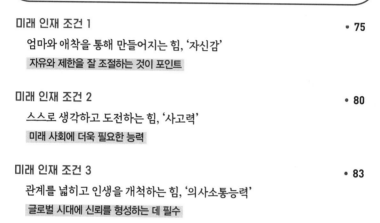

제3장 글로벌 시대를 준비하는 세계표준 육아법
미래 인재를 위한 육아의 세 가지 조건

제4장 자존감 높은 아이 만들기
엄마와 애착이 형성될 때 만들어지는 '자신감'

제5장 | **스스로 생각하는 아이 만들기**
긍정의 힘을 높여주는 '사고력'

제1장

세계에서 검증된 최고의 육아법

세계 엄마들은 미래형 인재를 어떻게 키워낼까?

아빠의 육아휴직 비율이 80퍼센트

육아에서 엄마와 아빠의 역할

북유럽의 스웨덴, 핀란드, 노르웨이는 '아이를 키우기 좋은 나라', '아이가 있는 부모가 살기에 좋은 나라'를 꼽는 순위에서 늘 상위권을 독점하는 나라들입니다. 게다가 북유럽은 세계적으로 학력 순위에서도 최고 수준이지요. 그래서 북유럽을 세계에서 아이들이 가장 자라기 좋은 지역이라고도 합니다.

그 이유는 무엇일까요? 정부의 탄탄한 육아지원을 이유로 꼽기도 하지만 사실은 그렇지 않습니다. 가장 큰 요인은 '아빠의 육아 참여'입니다.

북유럽에서는 부부의 맞벌이를 당연하다고 여깁니다. 남성이 가사를 하는 것 역시 당연하며 여성이 일을 하는 것도 당연합니다. 그래서 육아도 부부 두 사람이 함께하는 문화로서 자리 잡혀 있습니다. 아빠가 육아에 참여하니 엄마의 육아부담과 스트레스가 줄어들어, 결과적으로 '아이를 키우기 좋은 나라'가 된 것입니다.

실제로 육아휴직을 사용하는 아빠의 비율이 스웨덴의 경우 80퍼센트라는 경이로운 숫자를 자랑합니다.

엄마의 여유 있는 마음이 아이의 인격을 키운다

그렇다면 왜 아빠가 육아에 참여하는 것이 좋을까요? 앞에서 이야기했듯이 엄마의 육아 스트레스가 줄어들기 때문입니다.

0세부터 4세까지는 엄마가 아이와 밀접하게 접할 기회가 더 많습니다. 엄마와의 관계에 따라 아이의 정신·인격의 토대가 만들어집니다. 그런데 엄마가 육아 스트레스로 인해 늘 짜증을 내거나 미간을 찌푸리고, 아이를 쳐다보는 눈빛이 부드럽지 못하다면 좋은 육아는 불가능합니다.

엄마가 짜증이 나 있으면 "이렇게 좀 해!", "그건 안 된다고 했잖아!" 하고 아이에게 명령하고 금지어를 많이 쓰게 되지요. 이것이 아이의 욕구불만을 키웁니다.

엄마의 스트레스가 쌓이면 "빨리 해!", "서두르라니까!" 하고 아이를 재촉하는 말도 늘어납니다. 이것은 아이에게 실패라는 경험을 쌓을 뿐입니다.

또한, 엄마가 지쳐 있으면 "나중에 하자!", "제발 말 좀 들어!" 하며 부정적인 언어가 나오기 마련입니다. 그러면 아이의 자존감을 훼

손하는 최악의 결과도 가져옵니다.

하지만 이것은 절대 엄마가 나빠서가 아닙니다. 많은 엄마들이 육아와 가사, 그리고 주위의 압박에 둘러싸여 정신적인 여유를 잃고 있습니다.

엄마가 방글거리며 밝은 모습으로 아이를 대하려면 되도록 많은 '아빠의 지원'이 필요합니다. 아빠가 육아와 가사의 여러 일을 도와주고, 아이의 취미활동을 함께하며, 아이의 공부를 봐줘야 합니다. 아빠와 아이만의 시간을 보내면서 엄마에게 자유의 시간을 주는 것도 좋습니다. 무엇보다도 엄마의 이야기를 들어주는 등 배려와 협력 관계를 만드는 것이 육아를 원만하게 하는 방법입니다.

6세까지는 엄마가 주역, 7세부터는 아빠의 역할이 늘어난다

아빠와 엄마는 어떻게 육아에서 역할 분담을 해야 할까요?

우선 아이가 자존감의 토대(정서와 성격의 방향성)를 형성하는 6세까지 육아의 주역은 엄마입니다. 아이의 자신감을 만드는 것은 '사랑받고 있다'는 느낌이며 이것은 엄마와의 스킨십이 가장 효과적이기 때문입니다.

아빠는 그런 엄마를 지원하는 역할을 해야 합니다. 장보기, 청소, 설거지, 쓰레기 버리기, 아이 등·하원 시키기처럼 엄마가 아니라도 할 수 있는 여러 집안일은 아빠가 되도록 도와주는 것이 좋습니다.

아이가 자라면서 서서히 아빠의 역할도 늘어납니다. 아이를 집밖으로 데리고 나가서 함께 몸을 움직이거나 자연을 접하게 하며, 평소와는 다른 사람들과 만날 기회를 만드는 데는 아빠가 적임자입니다. 사회의 규칙, 자신의 일을 열심히 하는 것의 중요성, 사람들과 사귀는 방법 등 아이가 독립적인 어른으로 성장하는 과정에서 요구되는 규칙과 살아가는 데 필요한 지혜, 기술, 능력을 가르치는 것 역시 아빠가 더 적합합니다.

영국 뉴캐슬대학의 〈육아에서의 아빠의 역할〉 조사에 따르면, 성장기에 아빠와 많은 시간을 보낸 아이는 지능지수가 높고, 사교성이 좋으며, 더 높은 커리어를 획득한다고 합니다. 또한, 미국 경영전문지 〈매니지먼트퍼스펙티브스아카데미〉가 2015년에 실시한 조사에서는 아빠와 많은 시간을 보내며 자란 아이일수록 "자신의 일에 만족도가 높다"는 결과도 나왔습니다.

물론 일로 바쁘겠지만, 아이를 키우는 일은 영원히 계속되지 않습니다. 부디 배우자와 협력해 육아체계를 만드시기 바랍니다.

◑ 엄마 공부 포인트

교육 수준이 높은 북유럽

- 엄마의 스트레스를 줄이기 위해 아빠의 역할이 중요하다.
- 6세까지는 엄마의 역할이 중요하고, 7세 이후에는 아빠가 아이에게 사회 속에서 살아가는 법을 가르치는 것이 좋다.

자립심을 키워주기 위해 칭찬한다

그냥 칭찬하기만 해서는 안 되는 이유

미국에서는 "잘했구나(Good job)", "자랑스럽다(I'm proud of you)"처럼 우리가 보기엔 너무 과장된 것 아닌가 싶을 만큼 아이를 자주 칭찬합니다. 칭찬의 효과에 대해 과학적인 검증이 진행되면서 최근 일본에서도 '칭찬하는 육아'가 정착되고 있는 듯합니다.

하지만 겉모양만 미국을 따라하며 "대단해"라고 칭찬해본들 소용이 없습니다. 미국인의 육아는 '자립심'을 키운다는 목적이 바탕에 깔려 있기 때문입니다. 그래서 아이를 칭찬할 때는 "스스로 해내다니 대단하다", "다른 사람의 도움 없이도 해냈구나"라는 '자립에 대한 칭찬'의 마음이 담겨 있습니다.

즉, 미국인은 '자신의 의사로 행동 → 칭찬 = 자립을 촉구'합니다.

반면, 일본인의 육아에는 협조성을 가진 아이, 예의바른 아이로 키우기 위한 '훈육'의 목적이 깔려 있습니다. 그래서 아이를 칭찬할 때도 "말을 잘 들어서 기특하다", "잘 참았구나"라는 식으로 지시나 규칙에 따른 것을 칭찬하는 경우가 많습니다.

즉, 일본인은 '말을 잘 들음 → 칭찬 = 순종을 촉구'하는 것입니다.

아이는 칭찬을 받는 것이 좋아서 '다음에도 말을 잘 들어야지'라고 생각하며 노력합니다.

아이가 엄마의 말을 듣고 얌전히 있으면 엄마로서는 편하지만, 중요한 자립심은 자라지 않습니다. 그러면 가장 중요한 아이의 자존감도 키워지지 않지요.

만약 아이가 '스스로 옷을 갈아입었다', '혼자서 신발을 신었다', '자기 힘으로 그림을 그렸다', '혼자 세수를 했다', '스스로 양치질을 했다'와 같은 작은 성장을 하면 "혼자서도 잘했구나!", "대단한걸!" 하고 과장되게 칭찬해주세요.

아이의 자존감은 자신의 생각으로 도전한 점, 자신의 의욕으로 도전한 점을 주위로부터 칭찬받을 때마다 커지는 법입니다.

아이들이 종종 "엄마(아빠), 보세요!"라고 하는데 이것은 작은 성취를 칭찬받고 싶어서입니다.

물론 그저 부모의 눈길을 끌고 싶은 경우도 있지만, 작은 성취를 놓치지 말고 "굉장해! 스스로 해냈구나!" 하고 칭찬해주는 것이 엄마의 중요한 역할입니다.

아이가 자신의 성장을 칭찬받고 자라면 자발적인 '의욕'도 강해져서 공부와 취미활동에도 의욕을 갖고 도전하게 됩니다. 아이의 성장을 칭찬할 기회를 늘리고 싶다면 아이의 의사를 존중하고 하고 싶은 일을 하게 해주면 됩니다.

좋은 부분을 구체적으로 칭찬하는 것이 아이를 성장시키는 비결

칭찬하는 방법에도 비결이 있습니다. 미국인의 칭찬하는 육아를 관찰하면 또 하나의 특징이 눈에 들어옵니다. 바로 '좋은 부분을 구체적으로 칭찬하는 것'입니다.

"아만다는 멀리서도 목소리가 잘 들리는구나", "제니퍼는 미소가 멋지다", "조쉬아는 친구들에게 친절하구나", "잭은 퍼즐을 아주 능숙하게 하는구나" 하고 아이가 가진 좋은 부분을 구체적으로 칭찬하는 것이 중요합니다.

"예쁘네" 하고 전체를 칭찬하는 것보다 "눈이 사랑스러워", "미소가 멋져"라며 구체적으로 칭찬받았을 때 아이의 자신감은 더 커집니다. 아이의 좋은 부분을 구체적으로 칭찬해주면 아이는 자신이 칭찬받은 부분을 더 의식하게 되며 실제로 그 부분이 성장합니다.

자신의 아이에게 "미소가 멋지구나"라고 칭찬하면 자식바보라는 소리를 들을 수도 있어요. 하지만 부모가 좋은 부분을 발견해서 칭찬해주지 않으면 대체 누가 아이의 개성을 키워줄 수 있을까요?

아이가 운동이나 미술, 음악 활동을 꾸준히 하기 위해서도 칭찬이 중요합니다. '칭찬해야지' 하고 마음먹으면 지금껏 지나쳤던 아이의 멋진 면이 눈에 많이 들어올 것입니다. 하루하루 아이에게 관심을 가지고 실천해보세요.

엄마 공부 포인트

칭찬하며 자립을 촉구하는 미국인의 육아

- 성장과 성취를 칭찬해 아이의 자립을 촉구한다.
- 칭찬할 때는 좋은 부분을 구체적으로 칭찬해 '강점'을 키운다.

'응석 받아주기'와 '압박'이 혼재하는 조기교육 열풍

완벽주의로 인해 큰 스트레스를 받는 아이들

빠른 경제발전과 더불어 세계적으로 존재감을 과시하고 있는 나라가 바로 중국입니다. 많은 중국인들은 세계 곳곳을 여행 다니고 있으며, 하와이 역시 중국인 단체 관광객이 많이 늘었습니다.

그런 중국의 육아에서 특징적인 것은 바로 '외동아이'입니다. 1979년부터 37년 동안 추진됐던 '자녀 한 명 낳기 정책'은 2016년에 폐지됐습니다. 중국에서 급속히 진행되는 저출산 고령화 사회에 대응하기 위해서지요.

하지만 이 정책의 결과로 현재 중국에서 아이를 키우는 부모의 대부분은 외동으로 자란 세대입니다. 그들은 자신이 외동이었던 경험과 생활비의 급등, 장래에 대한 경제적 불안 때문에 둘째 낳기를 주저하고 있습니다. 결국 외동끼리 부부가 되고 외동인 아이를 키우는 상황이 된 것입니다.

외동인 아이를 두 명의 부모와 네 명의 조부모, 총 여섯 명의 어른이 돌보는 '과하게 손을 쓰는 육아'가 앞으로도 당분간 계속되리라 예상됩니다.

중국에서 육아는 조부모의 일입니다. 육아를 도울 뿐만 아니라 교육비도 조부모가 부담하는 경우가 대부분입니다. 그동안에 한창 일할 나이인 부모는 맞벌이를 해서 주택대출금과 생활비를 벌지요. 일상적인 가사나 아이를 돌보는 일은 조부모에게 맡기고, 부모는 주말에만 육아에 참여하는 것이 현재 중국의 전형적인 육아 스타일입니다.

사랑 가득한 응석을 부리게 하면 의욕이 자란다

'소황제(외동아이)'라는 말이 상징하듯이 중국의 아이들은 응석받이로 자라고 있습니다. '자식은 보물'이라는 중국의 전통적인 가치관에 더해 네 명의 조부모가 단 한 명의 손자에게 미움받고 싶지 않아서 경쟁하듯 어르고 있습니다.

응석받이로 자란 외동아이의 특징은 '제멋대로다', '자기중심적이다', '협조성이 없다', '배려심이 없다' 등 사회성과 인간관계가 취약하다는 것입니다. 물론 모두가 그렇게 자라지는 않지만 그런 경향이 있는 것만은 분명합니다.

다만 저는 응석을 부리는 것 자체는 그리 나쁘다고 생각하지 않습니다. 다소 제멋대로에 자기중심적이더라도 사랑을 듬뿍 받으며 자란 아이는, 자존심이 강하고 의욕이 있기 때문에 사회에서 부대끼면서도 성장할 수 있는 자질을 갖고 있습니다.

중국의 육아에서 가장 큰 문제는 응석을 부리게 하는 것이 아닙니다. 단 한 명의 아이에게 많은 기대를 해서 학습과 운동, 예술 능력 등을 압박하는 게 문제입니다.

조기교육 열기로 심한 압박을 받는 아이들

응석을 받아주는 육아가 일반적인 중국이지만 공부에 대해서는 일체 봐주는 법이 없습니다.

리크루트(일본 채용·소비자정보 업체)가 실시한 조사에 따르면 "완벽한 육아를 하고 싶다"고 희망하는 일본인은 32퍼센트였지만, 중국인은 90퍼센트에 달했습니다. 예를 들어, 아이가 시험에서 98점을 받아오면 중국인 엄마는 "어째서 100점을 못 받은 거니!" 하고 야단을 칩니다.

음악이든 운동이든 마찬가지여서 "○○는 잘하는데, 왜 너는 잘하는 것이 없니?"라며 아이를 주위와 비교해 압박을 가합니다. 유치원에서 읽기, 쓰기, 계산, 영어회화, 댄스, 피아노를 익히고 초등학교부터는 교과학습을 선행합니다. 초등학교 3~4학년이 중학교 수준의 학습내용을 배우는 것이 중국에서는 '보통'입니다.

소득 격차가 큰 중국에서는 열심히 공부해서 좋은 성적을 받고,

좋은 학교에 들어가서 좋은 일자리를 갖는 것이 승자 그룹에 들어가기 위한 최고의 방법으로 생각하기 때문입니다. 이것은 경제성장이 많이 이루어진 지금도 많은 중국인이 가지고 있는 공통된 가치관입니다.

중국에서는 '출발점에서 뒤처지면 안 된다'는 부모의 기대에 맞추기 위해 아이들에게 조기 영재교육 열풍이 불고 있습니다. 그래서 취학 전부터 영어, 한자, 산수, 피아노, 스포츠 등을 가르칩니다. 이런 치열한 경쟁에 중국 정부도 위기를 느끼고, 조기교육 기업의 설립을 제한하는 등 규제강화에 기를 쓰고 있을 정도입니다.

하지만 그런 정부의 생각과는 반대로 조기교육 열풍은 더 심해지고, 중국에서 가장 교육열이 높은 도시로 일컬어지는 상하이는 2012년에 실시된 국제학업성취도평가(PISA)에서 수학, 과학, 독해 모두 65개국 중에서 단연 최고의 성적을 거두었습니다. 특히 상하이의 학생들은 수학 분야에서 평균보다도 3학년을 앞서 가는 것으로 밝혀졌습니다. 상위 3위권은 상하이, 홍콩, 싱가포르인데, 중국계 학생이 독점했습니다.

게다가 초등학교 1학년부터 영어가 정규교과로 도입돼 영어도 조기교육 열풍이 불고 있습니다. 수업이 모두 영어로 진행되는 영어 유치원, 중국어와 영어로 수업을 받을 수 있는 바이링구얼(bilingual, 2개 국어 가능) 유치원은 아이가 태어나기도 전부터 예약을 해야 할 만큼 인기입니다. 우수한 원어민 영어강사가 모이는 상하이의 사립 초등학교에서는 100명의 학생을 모집하는데, 5,000명이 지원해 큰 화제가 되기도 했지요.

한편, 중국의 학교 교육은 암기 중심이어서 이런 방식에 불만을 가진 부모들은 아이를 미국으로 유학시키는 데 혈안이 돼 있습니다. 실제로 2005년에 미국의 대학에 다니는 중국인 유학생은 6만 명이 었지만, 2015년에는 30만 명을 넘었습니다.

중국 아이들은 과보호 속에서 자랐기 때문에 자기긍정감이 강하고 도전정신이 왕성하다는 장점이 있습니다. 반면에, **과중한 학업 부담과 완벽을 추구하는 부모로부터 "실패는 용인되지 않는다", "더 열심히 하라"는 압박을 받아 정신적으로 크게 스트레스를 받습니다.**

주위의 아이들이 하나같이 열심히 하니 조금이라도 마음을 놓았다가는 뒤처질 수밖에 없습니다. 그래서 아이들은 매일 탈락이라는 공포와 싸우고 있습니다.

◐ 엄마 공부 포인트

'응석 받아주기'와 '압박'이 혼재하는 중국

- 응석을 받아주는 것은 자존심을 키우고 아이의 의욕을 끌어낸다.
- 반면에, 조기교육의 과도한 압박으로 인해 무너지는 아이들도 있다.

공식이 아닌 '사고력'을 단련하는 산수교육

실리콘밸리 시민의 넷 중 하나는 인도인

지금 전세계의 IT 기업, 엔지니어링 기업에서는 인도인을 서로 데려 가려고 야단입니다. 인도인 중에는 이공계에 강한 사람이 놀랄 만큼 많습니다.

인도 정부가 2008년에 발표한 데이터에 따르면 NASA에서 일하는 과학자 중 36퍼센트가 인도인이라고 합니다. 마이크로소프트사의 직원 중 34퍼센트, 미국의 의사 중 38퍼센트, 영국의 의사 중 40퍼센트가 인도인이라고 합니다.

인도는 매년 100만 명에 달하는 우수한 이공계 인재를 배출한다고 알려져 있습니다. 인구가 13억 명에 가까우니 당연할지도 모르지만, 미국에서 생활해보면 인도인 엔지니어가 많다는 사실에 놀랄 수밖에 없습니다. 특히 애플이나 구글 등 국제적인 IT 기업이 모여 있는 실리콘밸리는 최근 10년 동안에 인도인이 급증했습니다. 지금은 실리콘밸리 시민의 넷 중 하나는 인도인이라고 하지요.

인도는 전통적으로 두뇌 노동자가 존경받는 사회입니다. 직업 서열은 엔지니어, 의사, 과학자, 경제(금융) 순으로 이공계가 많이 차지하고 있습니다. 그래서 인도인 부모들은 자녀를 장래에 엔지니어로 키우는 것을 당연하게 생각하며 육아와 교육을 하고 있습니다.

얼마나 간단히 계산할 수 있는지를 단련하는 산수교육

인도인의 이공계 두뇌를 뒷받침하는 것이 바로 암산교육입니다. 우리는 보통 곱셈이라고 하면 구구단을 말하지만, 인도에서는 더 큰 숫자인 19×19까지 암기시키는 것이 보통입니다. 또, 학교의 산수 수업에서 계산기를 쓰거나 연필로 숫자를 써가며 계산하지 않습니다. 아무리 복잡한 계산도 암산으로 하도록 지도합니다.

지인 중에 한 인도인은 고등학교 2학년 때 '회계학' 시험에서 한 기업의 1년간 결산자료(대차대조표, 손익계산서, 총 계정원장)를 30분 동안 계산기도 없이 암산으로 만들었다는 에피소드를 말해주기도 했습니다.

더욱 주목해야 할 것은 인도 산수교육의 다양성(유연성)입니다. 숫자놀이를 즐기는 인도에서는 많은 암산기술과 계산요령을 만들어서 가정과 학교에서 지도하고 있습니다. 우리는 교과서의 공식대로 계산하게끔 요구하지만, **인도에서는 다양한 계산방법과 요령을 자유롭게 조**

합해 합리적이고 간단히 답을 얻는 아이디어를 더 중요하게 생각합니다.

예를 들어, '4+9+8+1+2+6'이라는 문제가 있다고 가정해봅시다. 보통은 순서대로 숫자를 더해갑니다. 그래서 4+9=13, 13+8=21, 21+1=22, 22+2=4, 24+6=30이라고 계산합니다.

하지만 인도인은 처음부터 순서대로 계산하려고 생각하지 않고 깔끔하게 떨어지는 조합을 찾아내려고 합니다. 즉, '4+6', '9+1', '8+2'라는 조합처럼 말입니다. 그러면 10이 셋이니 '30'이라는 답이 나옵니다. '어떻게 하면 귀찮은 계산을 하지 않고 답을 얻을 수 있을까?'를 생각하는 것입니다.

이처럼 인도인은 어린 시절부터 숫자놀이를 통해 암산을 익히고 숫자에 강해지도록 사고하는 훈련을 받으며 성장합니다. 여기서 핵심을 말하자면 인도인의 이공계 두뇌를 뒷받침하는 것은 암기가 아니라, 열심히 궁리해서 암산하는 사고습관이라는 사실입니다. 기계적으로 공식을 암기하는 것이 아니라, '어떻게 하면?(HOW?)'이라는 두뇌사용법을 익히는 것이 이공계 두뇌의 토대가 된 것이지요.

생각해보면 주산도 암산교육입니다. 주산을 배운 사람 중에 이공계 분야에서 활약하는 인물이 많은데요. 계산기나 종이를 사용하지 않고 머릿속으로 복잡한 계산을 할 수 있도록 훈련하는 것, 그것이 바로 이공계 두뇌를 만드는 비결입니다.

제가 아는 다른 인도인 중에 아이비리그 대학을 졸업한 젊은이가 있습니다. 그도 이공계 두뇌를 가졌는데 재능을 살려 뉴욕의 한 헤

지펀드(다양한 상품에 투자해 목표수익을 달성하는 것이 목적인 펀드)에 취직했습니다. 투자가와 부유층을 상대로 고액의 금융상품을 다루는 일이니 연봉도 높습니다. 대학을 졸업한 초년도의 급여가 50만 달러(약 5억 원)였다고 합니다. 이공계 분야를 살펴보면 이런 세계도 존재한다는 걸 알 수 있습니다.

물론 장래에 문과로 가고 싶은 사람에게도 '사고력'은 필수적인 요소입니다. 앞으로는 외우는 학습에서 '생각하는 힘을 키우는 학습'으로 전환해 사고력의 바탕을 만들어가는 것이 중요하다는 걸 기억해둡시다.

♥ 엄마 공부 포인트

이공계 인재를 배출하는 인도

• 단순 공식 암기보다 사고력을 단련하는 암산교육이 중요하다.
• 생각하는 힘을 키우는 학습에 신경 써야 한다.

하버드대학 진학률도 중퇴율도 아시아 최고

학력중심 사회로 인해 '자존감' 부족

미국에서 살다 보면 한국인 엄마들의 교육열에 종종 놀랍니다. 제가 운영하는 학교에도 많은 한국인이 자녀를 데리고 찾아오지요. 한국인 엄마는 "자녀 교육을 위해 미국으로 이주했어요"라고 말합니다.

일본에는 자녀의 교육을 위해 해외로 이주하려고 생각하는 사람은 거의 없습니다. 설령 국내라고 해도 자녀 교육 때문에 이사를 하려는 사람은 적습니다. 반면에 한국에서는 빚을 내서라도 교육체제를 정비하려는 부모가 급증하고 있습니다. 그렇다면 무엇이 그렇게까지 하도록 만드는 것일까요?

유교의 영향이 뿌리 깊이 남아 있는 한국은 '학력 신앙'이 사회의 밑바탕에 깔려 있습니다. '아이를 좋은 대학에 보내야 한다'는 압박이 강해서 자녀 교육에 많은 노력을 기울입니다.

얼마 전까지는 서울대와 같은 한국의 일류대학에 들어가는 것이 목표였습니다. 하지만 세계화가 진행되면서 한국 일류대학의 위상이 흔들리게 됐습니다.

2000년 이후로 한국 기업의 세계화가 급속히 진행됐고, 한국의 일류대학을 나와도 영어를 못하면 대기업에 취직하는 것이 힘듭니다. 이것이 교육열이 높은 한국 엄마들의 눈을 해외로 향하게 만든 것입니다.

결국 '더 이상 한국의 일류대학을 나와도 국제사회에서는 통하지 않는다. 하버드대학. 옥스퍼드대학, 스탠퍼드대학 같은 세계 최고의 대학을 목표로 해야 한다'는 흐름까지 생겼습니다.

이 흐름을 한국 내의 취업 격차가 가속시키고 있습니다. 한국은 강한 학력중심 사회이자 '취업 서열' 사회입니다. 서열의 상위에는 의사, 변호사, 대학교수 등의 전문직, 공무원과 대기업 정규직 등의 직업이 자리하고 있으며, 많은 부모들은 자녀가 그런 직업을 갖도록 하기 위해 필사적입니다.

물론 한국에 취직할 자리가 없는 것은 아닙니다. 그저 누구나 사회적 지위가 높고 급여가 많은 직업을 희망하기 때문에 일부의 경쟁이 과열된 것이지요. 예를 들어, 한국의 일류기업인 삼성전자와 그 자회사인 중소기업은 임금격차가 4배나 된다는 조사도 있었습니다. 이것이 단적인 예라고 하더라도 대기업의 연봉은 중소기업의 2배

이상이라는 것이 일반적인 인식입니다. 당연히 고임금의 기업으로 취직하려는 경쟁이 심해질 수밖에 없겠지요.

이러한 배경으로 인해 '자녀에게 일류의 교육환경을 제공해야 한다'며 해외 일류대학에 진학시키려는 부모가 급증하고 있는 것입니다.

하위 3위권에서 단숨에 상위 3위권으로 뛴 영어실력

세계화가 진행된 결과, 한국의 영어실력은 비약적으로 향상됐습니다.

20년 전까지만 해도 한국의 토플(TOEFL) 성적은 일본과 비슷한 수준으로 아시아에서 '뒤에서 세 번째'였습니다. 하지만 지금은 '앞에서 세 번째'지요. 홍콩, 싱가포르, 필리핀 등 영어가 일상적으로 쓰이는 국가와 어깨를 나란히 할 만큼 향상된 것입니다. (참고로 일본은 20년 전과 같은 뒤에서 세 번째로, 캄보디아, 몽골과 같은 수준입니다.)

게다가 한국의 영어 열기와 더불어 미국으로 유학을 가는 학생도 급격히 증가했습니다. 한국의 인구는 일본의 절반이 되지 않는 약 5천만 명입니다. 하지만 미국의 대학에 다니는 한국인의 수는 6만 3,000명으로 일본의 세 배가 넘습니다. 그리고 한국은 하버드대학, 스탠퍼드대학, 예일대학 등 미국 최고 대학의 합격자수 역시 아시아에서 최고 수준에 이르렀습니다. 하버드대학에 다니는 한국인 학생은 298명(2014년 기준)으로 중국 다음으로 많습니다.

어렵게 합격하고도 좌절하며 중퇴하는 한국 학생들

자녀 교육을 위해 미국으로 이주하거나 부모와 자식이 한마음으로 노력한 덕분에 한국인은 미국의 일류대학으로 가는 합격티켓을 손에 쥐었습니다. 하지만 여기에 생각지도 못한 일이 생겼습니다.

하버드대학, 예일대학 등 미국의 일류대학에 다니는 한국인 학생 중 44퍼센트가 중퇴를 한 것입니다(컬럼비아대학 사무엘 킴 교수의 연구).

철들 무렵부터 곁눈질 한 번 하지 않고 청춘의 전부를 공부에 쏟아가며 미국 명문대학에 입학했건만, 어째서 절반에 가까운 학생들이 중퇴를 결정한 것일까요?

하버드대학이나 예일대학 등의 명문대에는 전세계에서 우수한 인재가 모입니다. 그러면 이제껏 공부로는 져본 적 없던 한국인 학생들이 처음으로 자기보다 우수한 인재와 만나게 되고 패배와 좌절을 경험하게 됩니다.

중퇴한 한국인 학생의 대다수는 세계수준의 엘리트들과의 경쟁에서 지고 '나는 못하겠다'며 자신감을 상실해버린 것입니다.

패배나 좌절을 경험했을 때 "까짓것 이번엔 졌지만, 다음엔 이겨야지!" 하고 다시 일어서는 힘, 실패해도 포기하지 않고 노력을 계속할 수 있는 힘, '자신감'이 필요합니다. 이것이 없으면 앞으로 변화의 시대를 살아갈 수 없습니다.

수준 높은 교육도 중요하지만 무엇보다도 '자신감'을 키우지 않으면 언젠가 경험하게 될 좌절에 견디지 못합니다.

미래 사회에는 이런 상황이 더 많아질 것으로 예상됩니다. 따라서 아이의 '자신감' 키우기에 관심을 갖고 환경 변화에 강한 육아를 실천해야 합니다.

🔘 엄마 공부 포인트

세계 최고의 교육열을 자랑하는 한국

- 세계화가 진행됐지만 학력지상주의 교육으로 좌절하는 이들이 많다.
- 실패해도 포기하지 않고 다시 일어설 수 있는 힘, 자신감이 필요하다.

동양은 표준점수,
서양은 종합력으로 평가

공부만 잘해서는 안 되는 미래 사회

지금까지 스웨덴, 일본, 미국, 인도 등 여러 국가의 육아 사례를 살펴 봤습니다. 이 가운데 일본, 중국, 한국 등 유교의 영향을 받은 아시아 국가의 육아에서 공통되는 것이 표준점수주의입니다. 이것은 '하드 스킬(hard skill)'에 집중하기 때문입니다.

교육사업을 하면서 많은 아시아인들을 만났습니다만, 아시아 아이 들 대부분의 공통점은 성적을 올리기 위한 공부만 하고 제집에서만 활개를 치는 타입이라는 것입니다. 이는 가정에서 수학, 언어 등을 시험으로 측정하는 '하드 스킬'에 편중된 교육을 한 결과입니다. 하 지만 ○×식의 종이시험에서 만점을 받는 것만으로는 미래 글로벌 사 회에 성공할 수 없습니다. 앞으로는 문제해결 능력, 리더십, 창의력 과 같이 깊이 사고하는 힘인 '소프트 스킬(soft skill)'이 필요합니다.

미국 대학입시에서는 시험점수가 학생을 평가하는 하나의 기준에 불과합니다. 시험성적과 함께 리더십, 사회성, 협조성, 창조력, 문제 해결력 등 사고력과 의사소통능력을 종합적으로 평가해서 합격 여부를 결정합니다.

하버드대학이나 프린스턴대학의 입시에서는 SAT라고 불리는 ○×식 시험에서 만점을 받아도 불합격이 되기도 합니다. 시험결과만으로 합격 여부를 결정하면 합격생이 같은 유형인 학생에 치우칠 수 있기 때문입니다.

미국의 대학은 '다양성이 새로운 가치를 창조한다'는 신념을 갖고 있습니다. 그래서 인종, 학력, 개성, 재능의 균형을 고려해 합격 여부를 결정합니다. 다른 가치관이나 문화를 가진 사람들을 모아 의견을 나누게 함으로써 인간적인 성장이 이루어지고, 우수한 리더를 육성할 수 있다는 걸 대학의 오랜 역사를 통해 배웠기 때문이지요.

그런 배경 속에서 2014년 11월에 아시아계 학생 64명은 "시험성적이 좋은 아시아인을 불합격시키고, 성적이 떨어지는 히스패닉계와 아프리카계 학생을 합격시키는 것은 부당하다"며 하버드대학에 이의를 제기했습니다.

미국 교육부는 이의제기를 받아들이지 않았습니다. 사립대학인 하버드대학이 독자적인 기준으로 합격을 결정하는 데 부당성은 없다고 판단한 것입니다.

아시아권 대학도 가까운 미래에 미국식 입시로 전환될 것이라 예상됩니다. 오래도록 이어진 지식 편중형 입시가 막을 내리고 종합력을 중시하는 입시로 바뀔 날이 그리 멀지 않았습니다.

그때 아이들의 합격여부를 좌우하는 것은 무엇일까요? 거듭 반복했듯이 자신감과 사고력, 의사소통능력이라는 세 가지 자질입니다.

하버드대학 심리학부 교수인 하워드 가드너(Howard Gardner) 박사는 '다중지능'이라는 이론을 제창했습니다. 그 내용을 대략적으로 살펴보면 "사람의 지능은 IQ(시험으로 수치화할 수 있음)만으로 측정할 수 없다. 인간에게는 IQ로는 측정할 수 없는 다중지능이 존재한다. 그래서 사람에게는 잘하는 것, 못하는 것이 있다"는 것입니다.

IQ 이외의 지능이라는 것은 음악과 운동능력, 사교성과 리더십 등 아이의 개성과 강점이며 자기다운 인생을 살기 위한 토대임을 인식해야 합니다. 하워드 가드너 박사는 이렇게 말합니다.

"머리가 얼마나 좋으냐가 아니다. 머리가 어떻게 좋으냐가 중요하다(It's not how smart you are. It's how you are smart)."

미래 사회에는 자신의 강점을 알고 이를 키우며 자기의 능력을 최대한 발휘할 수 있는 인재가 필요합니다.

💬 엄마 공부 포인트

아시아 국가의 육아 현상

- 아시아 국가의 육아는 '하드 스킬(지식)'에 치우쳐 있다.
- 하지만, 세계의 흐름은 학력과 '소프트 기술(생각하는 힘)'이다.

제2장

미래에도 효과적인 긍정 육아법

흔히 하는 일곱 가지 육아 실수 피하기

"이렇게 해", "안 돼"
➔ "왜 안 되는지 알려줄게"

훈육보다 먼저 아이를 존중한다

'훈육'을 중요하게 생각하다 보면 "이렇게 해라", "저렇게 해라", "안된다"며 명령하는 말, 부정적인 말을 많이 하게 됩니다. 그러면 아이의 자주적인 행동을 말로 억누르려는 경향이 생기죠. 이런 명령어나 부정어는 아이의 마음에 욕구불만의 싹을 심어줍니다.

어른도 회사에서 상사가 일일이 간섭하고 명령하면 스트레스가 쌓이듯이 아이도 마찬가지예요. 욕구불만이 쌓이면 어느 순간 폭발하는 행동으로 발전합니다. 명령어나 부정어를 많이 쓰는 엄마는 '험한 표정'을 짓고 있습니다. 엄마가 짜증을 내면 아이에게 짜증이 전염되고, 결국 아이도 기분이 안 좋아집니다.

만약 쉽게 짜증을 내고 있다면 스마트폰으로 셀카를 찍는 습관을 들여보세요. 자신의 표정을 보면 마음 상태를 금방 알 수 있습니다.

짜증이 나거나 기분이 안 좋고 불안할 때는 입꼬리를 손으로 끌어올리고 빙그레 웃어보세요. 그리고 그 미소로 아이에게 말하세요.

엄마가 웃으면 아이의 문제행동은 줄어듭니다. 그리고 "이렇게 해라", "저렇게 해라" 하고 말할 일도 없어지지요.

엄마의 기분이 좋으면 아이의 기분도 좋아집니다. 그러면 '훈육'도 원활히 받아들이게 됩니다.

훈육을 할 때는 결론만이 아니라 이유를 설명한다

엄마의 말은 아이의 정서발달에 큰 영향을 줍니다. 그 중에서도 부정적인 말은 특히 세심한 주의가 필요하지요.

훈육을 할 목적으로 아이의 행동을 제한해야 할 때는 '어째서 안 되는지'를 설명해주세요. 무조건 안 된다고 하면 아이는 이해하지 못합니다. 자신은 뭐든 '안 되는' 존재라고 부정당하는 느낌을 가질 뿐입니다.

예를 들어, 세 살짜리 아이가 병원에서 소동을 피우고 있다고 가정해봅시다. 그럴 때는 아이와 눈을 맞추고(엄마가 앉아서) "여기는 몸이 안 좋은 사람이 의사 선생님을 만나는 곳이야. ○○가 배가 아파서 힘들 때 주위 친구들이 시끄럽게 뛰어놀면 어떨까?" 하고 상냥하게 물어봐주세요. 상대방이 세 살짜리 아이여도 말로 잘 설명하는 것이 중요합니다.

이때 깎아내리거나 비방하는 말을 쓰지 않도록 주의해야 합니다.

농담이라도 남들 앞에서 "우리 애가 아무것도 몰라서요", "우리 애가 말을 안 들어서요", "어차피 말해도 못 알아들으니까"라는 말은 절대 하면 안 됩니다. 특히 엄마가 이렇게 아이를 깎아내리는 말을 하면 아이의 마음에 비수가 돼 꽂힙니다.

반대로 좋은 말은 남들 앞에서 아무리 반복해도 상관없습니다. "○○는 착하구나", "기특하다", "귀여워", "훌륭해" 하고 더 많이 말해 주세요. 평소에 좋은 말을 많이 들으면 억지로 가르치지 않아도 저절로 훈육이 됩니다.

"빨리 서둘러"
➜ "기다려줄게, 천천히 해봐"

아이의 속도를 인정한다

무슨 일이든 속도가 중요하고 효율이 강조되는 시대입니다. 이런 효율주의는 육아에도 영향을 줘서 "빨리 서둘러!", "꾸물거리지 마!", "얼른 제대로 해" 하고 아이를 필요 이상으로 재촉하는 엄마가 늘어났습니다.

그 결과 아이는 서둘러야 한다는 압박을 느끼면서 일상생활을 하게 돼, 바쁘게 옷을 갈아입고 바쁘게 밥을 먹습니다.

하지만 많은 아이들이 "빨리!" 하고 재촉당하면 할 수 있는 것도 잘 못하게 됩니다. 특히 어린 아이는 손가락 끝의 힘이 약해서 세밀한 작업에 능숙하지 못합니다. 신발 끈을 묶을 때 어른이 장갑을 낀 채로 끈을 묶는 느낌이라고 생각하면 됩니다. 그런 아이에게 서두르라며 압박을 가하면 초조함에 손이 더 말을 듣지 않게 되지요.

재촉하는 말은 아이에게 '실패체험'을 쌓게 만듭니다. 다음에는 잘해야 한다는 압박이 또 실패를 불러옵니다. 몇 번이나 같은 실패를 반복하면 "나는 안 되나봐" 하고 자신감을 잃게 되는 것이지요.

그런 아이들을 만나 보면 "못해요", "어차피~", "저한테는 무리예요"라는 말을 하는 아이들이 많습니다. 실패체험이 쌓이면서 "나는 못해", "어차피 실패할 텐데", "나는 안 돼"라는 소극적인 태도가 형성된 것입니다.

자신감 회복을 위해 성공체험을 계속 쌓아야 한다

"스스로 해냈다!", "혼자서도 잘해냈다!"는 성공체험을 쌓으면 어떤 아이든 자신감을 되찾을 수 있습니다.

"빨리빨리!", "꾸물거리지 마!"라는 재촉의 말을 멈추고 압박을 가하지 않으면서, 아이가 스스로의 힘으로 해낼 때까지 느긋하게 지켜봐주세요.

초조해하는 육아는 분명히 실패합니다. 반대로 엄마가 관대한 태도를 가지면 아이는 마음이 편해지고 이제껏 못했던 것도 거짓말처럼 잘해내게 되지요.

성공체험을 쌓으면 아이의 자신감은 되살아납니다. 이 자신감이 커지면 무엇을 하든 잘하게 됩니다. 아이 스스로 '나는 하면 된다'고 생각하기 때문입니다. 그러면 공부든 운동이든 포기하지 않고 노력을 계속할 수 있어요. 어떤 분야든 성공하는 사람은 포기하지 않는 사람입니다.

반대로 아무리 뛰어난 재능이 있어도 자신감이 부족해서 중간에 포기하게 되면 재주를 썩히게 될 뿐이지요. 부디 아이의 성공체험에 관심 가져주시기 바랍니다.

"형제자매는 평등하게"
→ "형이 먼저 해보자"

큰아이 중심으로 키운다

두 자녀 이상을 둔 부모일 경우, 둘째 아이가 생기면 부모로서 더 큰 책임감을 느끼게 됩니다. 이때 혹시 '형제자매는 평등하게 키워야지'라고 생각하지는 않나요?

하지만 형제자매에 대해서는 평등정신이 오히려 아이의 인격, 그리고 가정환경에 악영향을 끼칩니다. 결론부터 말하면, 형제자매는 평등하게 키울 필요가 없습니다. 큰아이를 중심으로 키우세요.

특히 "형(언니)이니까 양보해"라는 말은 절대 쓰면 안 됩니다. 왜냐하면 첫째 아이는 태어나면서부터 부모의 사랑을 100퍼센트 독점해왔습니다. 원래는 외동아이였던 셈이지요.

그런데 밑에 동생이 생기자마자 "너는 형(언니)이 됐으니, 이제부터는 사랑을 50퍼센트씩 나누어줄 거야"라고 말해봐야 납득할 수 없습니다(부모가 어떻게 하든 아이는 부족하다고 느낍니다).

동생이 생기자마자 받던 사랑이 50퍼센트(대부분의 경우는 50퍼센트도 안 되지요)로 줄어들면 큰아이는 불안해집니다.

예를 들어, 병실에서 엄마에게 안겨 젖을 빼는 아기를 눈으로 직접 볼 경우에 큰아이는 '내가 가장 사랑하는 엄마를 빼앗겼다'는 생각에 강한 질투를 느낍니다. 동시에 '엄마로부터 사랑받고 있다'는 자신감이 흔들리기 시작합니다.

그리고 엄마의 사랑을 되찾기 위해 손가락을 빨거나, 자다가 오줌을 싸고, 엄마에게 들러붙고, 떼를 쓰거나, 어린이집에 가기 싫다며 우는 등 이상한 행동을 하게 됩니다.

퇴행은 엄마의 관심을 끌기 위한 것

엄마의 사랑을 확인하기 위해 '좋은 행동'을 해주면 다행이지만, 대개의 아이들은 '나쁜 행동'을 합니다. 물론 아이가 나쁜 짓을 하려고 마음먹고 하는 건 아니며 오로지 엄마의 관심을 끌려는 마음뿐입니다.

그 외로운 마음을 이해하지 못하고 "참아야지!", "성가시게 좀 굴지 마!"라며 밀어낸다면 아이의 마음은 얼어붙습니다.

큰아이에게 이상한 행동이 두드러진다면 "○○야, 외롭게 해서 미안해" 하고 사과하며 꽉 안아주세요. 그리고 동생을 돌보는 일은 아빠에게 맡기고 엄마는 큰아이와 둘만의 시간을 만드십시오.

동생은 처음부터 큰아이가 있어서 '엄마의 사랑은 100퍼센트 독점할 수 없는 것', '사랑은 형제자매가 나누는 것'임을 태어나면서부터 자연스레 알게 됩니다. 그래서 사랑이 조금 부족해도 큰 문제가 없습니다.

형제자매는 큰아이를 중심으로 키워야 한다는 사실을 꼭 기억하세요.

"다른 사람에게 민폐 끼치지 마"
→ "우리 함께 얘기해보자"

주변에 많이 휘둘리지 않는다

일본 청소년연구소가 일본, 한국, 중국, 미국의 고등학생을 대상으로 의식조사를 실시했습니다. "나는 가치 있는 인간인가?"라는 질문에 "YES"라고 답한 비율을 알아보는 것인데, 일본 7.5퍼센트, 한국 20.2 퍼센트, 중국 42.2퍼센트. 미국 57.2퍼센트로 결과가 나왔습니다.

일본인이 겸손을 미덕으로 여긴다는 점을 조금은 감안한다고 해도 '자신은 가치가 없다'고 느끼는 고등학생이 92.5퍼센트나 된다는 것은 충격입니다. 일본의 아이들은 아시아에서도 두드러지게 자존감이 낮습니다.

자존감이란 '스스로에 대해 좋은 이미지를 갖고 있다', '자신이 좋다'처럼 자신에 대한 적당한 긍정감입니다. 좋은 부분뿐만 아니라 나쁜 부분을 포함해 있는 그대로의 자신을 긍정할 수 있는 상태를 말하지요.

자존감이 낮은 사람은 과거의 실패나 불쾌한 경험을 잘 기억합니다. 그리고 실패를 되풀이하게 되지는 않을까 과하게 두려워해 새로운 도전을 하지 못합니다. 어린 시절에 자존감이 자라지 않으면 소극적인 태도가 형성돼 장래의 꿈을 키우기 힘들고, 인생의 행복감이 낮은 사람이 됩니다.

주위의 눈을 과도하게 의식하는 육아가 자존감을 꺾는다

필자는 세계 각국에서 아이를 어떻게 키우는지 살펴봤는데, 일본의 아이들이 자존감이 낮은 요인은 다른 사람에게 폐를 끼치지 않는 육아, 타인의 눈을 과도하게 의식하는 육아에 있다고 생각합니다.

베네세 코퍼레이션(통신교육, 출판을 하는 일본 기업)이 일본, 한국, 중국, 대만의 엄마들을 대상으로 실시한 〈자녀에게 기대하는 장래의 모습〉이라는 조사에서 "다른 사람에게 폐를 끼치지 않는 사람이 되기 바란다"고 답한 비율은 일본 71퍼센트, 한국 24.7퍼센트, 중국 4.9퍼센트, 대만 25퍼센트였습니다.

일본의 71퍼센트라는 숫자는 상당히 두드러집니다. 집단의 조화를 무엇보다 중시하는 일본인은 세계인들이 보기에 남의 눈을 과도하게 의식하는 사람들입니다.

예를 들어, 백화점 등에서 "만지면 안 돼!", "그리로 가지 마!"라고 말하며 아이를 뒤쫓아가는 엄마가 있습니다. 아이의 입장에서 보면 백화점은 처음 보는 매력적인 물건이 넘쳐나는 곳이지요. 그런 물건을 보면 만져보고 싶은 것이 어쩌면 당연한 일입니다.

하지만 엄마는 "가게에 폐를 끼치지 안 돼", "주위 사람들을 방해하면 안 돼" 하고 아이의 행동을 감시합니다. 만지면 안 되고, 그리로 가면 안 되고, 뛰어도 안 된다며 "안 돼"라는 말을 계속하다 보면 아이의 자존감은 자라지 않습니다.

물론 이것은 하나의 예에 불과하지만, 일본인 부모는 무엇이든 주위의 눈을 많이 의식하는 면이 있습니다. 주위에 폐가 되지 않도록 아이에게 소곤소곤 작게 말하고, 의자에 가만히 앉아 있기를 강요하거나 아이의 행동을 엄격히 관리합니다.

아이의 자존감을 키우려면 좋은 면도 안 좋은 면도 함께 받아들이며 있는 그대로의 아이를 이해해야 합니다. 뛰어다니고 싶은 건 아이들의 자연스러운 욕구인데, 무조건 이것을 "뛰면 안 돼!" 하고 부모가 제한하면 부정당했다는 느낌을 갖습니다.

엄마의 역할은 아이의 자존감을 지키는 것

물론 아이를 방임하라는 말은 아닙니다. 아이의 자발적인 행동을 어른들이 조금 더 너그러운 시선으로 바라봤으면 하는 것이지요.

원래 아이들은 주위에 폐를 끼치면서 성장하는 존재입니다. 세상의 규칙도 상식도 알지 못하니 실수하는 것이 당연합니다. 그런 실수를 통해 자신의 행동을 조절하는 법을 스스로 배우는 것이지요.

"뛰면 안 돼!"라는 엄마의 명령 때문에 마지못해 뛰지 않는 것과, 물건을 망가뜨리거나 넘어져서 다치면서 스스로 뛰지 않게 되는 것은 아이의 자존감 발달에 차이를 가져옵니다.

뛰며 돌아다니는 아이에게는 "모두들 ○○가 난폭하다고 말하지만 엄마는 네가 활기차서 좋아. 씩씩하게 뛰어노는 너를 정말 사랑해"라고 말해주세요. 그리고 "그런데 말이야, 뛰어도 되는 곳과 안 되는 곳이 있어"라며 상냥하고 정중히 알려주십시오.

처음부터 무조건 "뛰면 안 돼!"라고 말하지 말고, 왜 안 되는지 말로 제대로 설명하면 아이는 자존감을 유지하면서도 자신의 행동을 스스로 조절할 수 있게 됩니다.

"무슨 일이 있더라도 엄마는 네 편이야", "너를 진심으로 인정해", "있는 그대로의 네가 좋아"처럼 아이의 모습을 받아들이는 메시지를 더 많이 전달하세요. 그러면 아이는 자신을 긍정적으로 받아들이고 스스로를 좋아하게 됩니다.

자존감은 미래 시대의 변화에 대응하기 위한 도전정신, 낙관성, 회복력의 원천입니다. 겸손을 강조하고 미덕으로 여기는 문화에서는 자만이나 넘치는 자신감을 좋지 않게 여기는 시선이 있습니다. 하지만 아이가 자기 자신을 좋아하지 않으면 스스로는 물론이고 다른 사람도 소중히 여길 수 없습니다.

특히 앞으로의 무한 경쟁사회를 살아가야 할 아이는 넘치는 자신감이 필요하다고 생각합니다. 운동선수, 회사원, 경영자, 예술가 등 어떤 직업이라도 경쟁이 과열될수록 자신감이 꺾이기 쉬우며 꿈을 향해 가는 중에 발목을 잡히는 상황이 수없이 발생할 것입니다.

큰 좌절을 경험했을 때 아이의 마음을 지탱하는 것은 "너는 소중한 존재 야", "너는 가치 있는 존재야", "있는 그대로의 네 모습으로도 괜찮아"라고 엄 마에게 받아온 긍정적인 메시지입니다.

실패해도 결점이 있어도 문제를 일으켜도 "결코 너를 버리지 않 아"라는 엄마의 태도가 아이를 강하게 만듭니다. 단지 주위의 시선 을 의식해서 "안 돼!"를 연발하거나 다른 아이와 비교하는 행동은 절대 하면 안 됩니다.

"부끄러움이 많아 걱정이야"
➜ "이리와, 안아줄게"

사랑받는 느낌이 들게 한다

많은 아이들이 부끄러움이나 쑥스러움을 많이 타는 성격을 갖고 있습니다. 그래서 "저희 애는 부끄러움이 많아서 인사를 못해요", "우리 애는 부끄러움을 타는 성격이라 친구를 못 사귀어요", "우리 애는 쑥스러워서인지 말을 안 해요", "우리 애는 부끄러움을 타는지 낯을 많이 가려요"라는 상담을 많이 받습니다.

'부끄러움을 타는 아이'는 서양에서는 두드러지지 않습니다. 처음 보는 상대라도, 또 어른에게도 웃으면서 "헬로~!" 하고 가볍게 인사하는 아이들이 대부분이지요.

그렇다면 어째서 아시아에 부끄러움을 타는 아이들이 많은 걸까요? 유전이나 문화의 문제일까요?

결론부터 말하면, 겁이 많은 아이, 낯가림이 심한 아이, 모자분리가 안 되는 아이는 엄마로부터 사랑받고, 받아들여지고 있다는 실감이 부족합니다.

사랑받고 있다는 느낌이 부족하면 아이는 환경의 변화를 많이 두려워하게 됩니다.

가정에서 바깥세상으로 나오고 가족이 아닌 사람들과 만나는 것, 아이가 사회에 첫발을 내딛을 때는 '자신감'이 필요합니다. "엄마가 지켜봐주니까 괜찮아" 하고 확신하는 아이는 불안보다 자신감이 크므로 겁내지 않고 행동할 수 있는 것이지요.

'엇갈리는 사랑'이 겁이 많은 성격을 만든다

인간은 태어나면서부터 '사랑받고 싶은 욕구'를 가지고 있습니다. 자신이 엄마로부터 사랑받고 있음을 실감하고 싶은 것이지요.

어린아이가 엄마에게 "엄마 안아줘!"라고 하는 것은 사랑을 확인하기 위해서입니다. 이때 "우리 ○○, 너무 예쁘다. 사랑해!" 하고 안아주며 볼을 비비거나 입맞춤을 하면 아이는 '엄마는 나를 사랑하는구나!'라고 실감합니다.

사랑받고 싶은 욕구가 충족되며 자란 아이는 '엄마는 나를 사랑한다', '엄마는 나를 받아들여준다'고 확신합니다. 확신이 있기에 안심하고 부모에게서 떨어지고, 낯선 곳에 가도, 모르는 사람을 만나도 당당하게 행동합니다.

물론 엄마들은 모두 '아이를 충분히 사랑하고 있다', '넘칠 만큼 사랑을 쏟고 있다'고 생각합니다. 하지만 사랑을 표현하는 게 부족할 때가 많습니다.

엄마는 충분하다고 여겨도 아이는 그렇지 못한 경우가 대부분이지요. 이 엇갈리는 사랑을 재빨리 알아차려야 합니다.

사랑이 가득한 눈으로 아이를 바라보며 사랑한다는 메시지를 보내도 아이는 사랑을 전혀 실감하지 못합니다. 말로 "○○를 사랑해" 하고 백 번을 전달해도 부족합니다. 가장 중요한 것이 '스킨십'인데 살과 살의 맞닿음은 사랑을 효과적으로 전달하는 수단입니다.

"엄마 안아줘!"라며 응석을 부릴 때가 기회이니 꼭 안아주며 "예쁜 ○○, 너무 사랑해!"라며 들러붙어보세요.

이렇게 엄마가 들러붙어 있으면 어느새 아이가 "이제 그만해!" 하고 도망을 가버립니다. 아이가 엄마에게 들러붙는 것이 아니라 엄마가 아이에게 들러붙는 정도의 스킨십 균형이 사랑을 느끼게 하는 데는 적당합니다.

애정 결핍의 신호를 느꼈다면 무조건 함께 시간을 보내라

사랑이 부족하다고 느끼는 아이는 반드시 불안을 호소하는 신호를 보입니다.

학교에 가기 싫다면서 울거나, 틱 증상을 보이거나, 반항적인 태도를 취하는 등 평소와는 다른 이상한 행동을 하지요. 그럴 때는 하루 종일 아이와 붙어 지내세요. 아이가 열 살이라도 엄마가 안아주면 진심으로 기쁜 표정을 짓습니다.

아이를 안아주고, 함께 잠들고, 함께 목욕하고, 뺨을 부비고, 업어주고, 머리를 쓰다듬고, 마사지를 하는 행동들이 아이의 정신을 안정시킵니다.

"학교에서 알아서 하겠지"
➡ "조금만 더 힘내자"

공부에 필요한 학습태도를 키워준다

아이의 학습 능력을 키워줄 때 저지르게 되는 많은 실수가 바로 학교에만 맡기는 것입니다. 일단 학교에 다니면 학력을 키울 수 있다는 생각 때문인데요. 안타깝게도 그저 학교에 다니기만 해서는 아이가 공부를 잘할 수 없습니다.

공부를 잘하는 아이로 만들려면 가정에서 키워줘야 할 기본적인 자질이 있습니다. 이런 자질을 제대로 키워주지 않고 학교에만 맡겨두면 공부를 잘할 수 없고, 학교를 다니는 내내 학업 때문에 고생하게 됩니다.

캘리포니아주립대학 명예교수 아더 코스타(Arthur Costa) 박사는 공부 잘하는 아이에게 공통되는 자질을 조사했습니다.

이 조사를 통해 드러난 결과는 아더 코스타 박사의 상상과는 완전히 달랐다고 합니다. 조사를 통해 알게 된 공부 잘하는 아이의 자질을 몇 가지 소개하겠습니다.

① 포기하지 않는 아이
② 자제력이 있는 아이
③ 다른 사람의 이야기를 경청하는 아이
④ 유연하게 생각할 수 있는 아이
⑤ 정확성을 추구하는 아이
⑥ 도전을 두려워하지 않는 아이

이 결과를 보면 알 수 있듯이 공부를 잘하는 아이에게 공통된 자질은 숫자나 도형에 능하다, 기억력이 뛰어나다와 같은 '지적 재능'이 아닙니다.

대신에 포기하지 않는 자세, 자제력, 경청하는 자세, 도전을 두려워하지 않는 태도 등 '학습태도'가 중요합니다.

이것은 필자의 경험으로도 분명합니다. 극히 드물게 천재적인 소질을 가지고 태어나는 아이를 제외하면, **공부를 잘하는 아이는 반드시 '좋은 학습태도'를 가지고 있습니다.**

끈기 있게 노력을 계속하는 힘, 집중해서 일을 추진하는 힘, 다른 사람의 이야기를 잘 듣는 힘, 실패를 두려워하지 않는 도전정신 등이지요.

잔혹한 이야기지만 이미 초등학교 저학년 때 이러한 학습태도가 몸에 배인 아이와 그렇지 않은 아이는 학력에서 분명한 차이를 보입니다. 이 학습태도를 키우는 책임자는 학교가 아니라 부모입니다. 학교는 어디까지나 학문을 가르치는 곳이므로 학습태도를 길러주는 것은 부모의 역할입니다.

가정에서 훈련해두지 않으면 같은 수업을 받았을 때 흡수할 수 있는 양이 다릅니다. 100퍼센트를 흡수하는 아이는 점점 더 공부를 잘하게 되고, 10퍼센트밖에 흡수하지 못하는 아이는 계속 공부와는 거리가 생깁니다.

100퍼센트를 흡수하는 아이는 굳이 유명한 학원에 다니지 않아도 학교 수업만으로 충분히 학력을 갖출 수 있습니다.

학습태도를 결정짓는 것은 6세까지의 습관

그렇다면 구체적으로 가정에서 어떻게 도와줄 수 있을까요?

아이가 초등학교에 들어가기 전까지 책을 계속 읽어주기, 프린트 학습, 독서활동, 시사문제 이야기하기, 신문기사 함께 읽기 등 밀접하게 소통하며 학습 습관을 잡아주면 됩니다.

혹시 지금 여러분이 초등학생 아이를 키우고 있는데, 아이가 공부를 싫어한다면 지금부터라도 학습태도를 만들어주기 위해 노력하세요. 아이가 몇 살이 됐든 늦지 않았으니 절대 방치하지 말고 도와주십시오.

숙제 봐주기, 모르는 부분 알려주기, 함께 도서관에 가서 책 찾기 등 매일 조금씩이라도 괜찮습니다.

부모가 조력자가 돼 아이와 함께 시간을 보내면 아이는 '열심히 해야지'라는 의욕을 되찾을 수 있습니다. 필요하다면 학교 선생님과도 소통하면서, 지금 무엇을 배우는지, 어떤 부분을 아이가 어려워하는지, 어떤 도움을 주면 좋을지 이야기해보세요.

"애들 아빠가 게을러서"
➔ "우린 소중한 가족이야"

가족끼리 서로 아낀다

"아빠처럼 되면 안 돼!", "우리 남편은 벌이가 시원치 않아서", "엄마는 아무것도 모른다", "엄마는 바보야", "엄마인 당신이 애를 잘못 가르쳐서 그래", "아빠가 응석을 받아줘서 그렇잖아", "얘가 멍청한 건 당신 닮아서야!"

아이가 있는 곳에서 이런 말을 하는 건 아이에게 매우 나쁜 영향을 줍니다. 가족에 대한 험담을 들으며 자란 아이는 주위 사람들을 무시하게 됩니다. 같은 반 친구에게도 "그렇게 쉬운 문제도 몰라?"라는 말을 아무렇지 않게 쓰게 되지요. 이런 아이는 학교에서 친구가 생기기 힘들고 또래 무리와 어울리기 힘든 경향이 있습니다.

가족에 대한 험담은 나쁜 습관입니다. 자신의 가족을 나쁘게 말하는 사람은 오히려 자신의 허물과 좁은 가치관을 세상에 드러내는 꼴이라고 할 수 있습니다. 마음이 뜨끔한 사람은 배우자에 대한 험담을 지금부터라도 멈춰야 합니다. 아이의 인격이 비뚤어지는 것은 물론이고 부부관계에 균열이 생깁니다.

험담을 하게 될 것 같으면 천천히 다섯 번쯤 심호흡을 하세요. 그러면 마음을 안정시킬 수 있습니다.

필요 이상의 겸손은 자신감 상실의 원인

험담을 하려는 생각이 아닌데도 많은 사람들이 쉽게 저지르는 실수가 바로 필요 이상의 겸손입니다. 예를 들어, "댁의 아이는 정말 머리가 좋네요" 하고 누군가 자녀를 칭찬하면 "아니, 그렇지 않아요. 애가 어떨 땐 어찌나 바보 같은지"라며 대답하는 경우가 있는데요.

이를 옆에서 듣는 아이는 어떻게 느낄까요? '나는 진짜 바보구나'라고 생각해버립니다. 부모는 겸손하려는 의미로 "우리 애는 부모를 닮아서 머리도 안 좋고 아둔해요"라고 했다지만 아이는 그 말을 있는 그대로 받아들입니다. 이처럼 부모의 속없는 말로 인해 아이의 자신감이 흔들리는 사태가 종종 발생합니다.

자신에 대해 겸손한 태도를 보이는 것이야 상관없지만 배우자, 자녀, 가족에 대해 필요 이상으로 몸을 낮추지 마세요. 만약 아이의 성격, 외모, 재능, 능력을 칭찬받게 된다면 "맞아요. 우리 애는 머리가 좋아서 저희도 깜짝 놀라요. 솔개(수릿과의 새)가 독수리를 낳은 격이지 뭐예요!" 하고 100퍼센트 긍정의 말을 하세요.

특히 어린 아이에게 사용하는 말은 신중하게 골라야 합니다. 부모가 아무 뜻 없이 한 말이 아이에겐 평생의 콤플렉스가 되기도 하니까요.

토머스 에디슨(Thomas Alva Edison)의 유명한 일화가 있는데요. 그의 어머니는 학교에 적응하지 못했던 에디슨에게 "토머스, 너는 천재란다. 너는 영리해"라고 계속 말해주었다고 합니다.

아이의 단점을 보호하고 장점을 발견해 좋은 말, 좋은 암시를 주면 아이는 스스로 능력을 발휘하게 자라는 법입니다.

Q 엄마 공부 포인트

아이에게 하면 안 되는 말

- **부정** : "안 돼!", "그럼 못써"
- **재촉** : "빨리 해!", "꾸물거리지 마!", "서둘러", "제대로 해"
- **명령** : "이것 좀 해", "말 좀 들어", "정리해"
- **험담** : "왜 이렇게 못해!", "안 되겠구나", "바보야", "애가 어두워", "멍청해"
- **비교** : "형(언니)인데도 못해?", "○○는 잘하는데"
- **밀쳐 내기** : "적당히 좀 해", "이젠 지긋지긋해", "네 마음대로 해"
- **끈질기게 말하기** : "몇 번을 말해야 알아듣니?", "전에도 이야기했잖아"

제3장

글로벌 시대를 준비하는 세계표준 육아법

미래 인재를 위한 육아의 세 가지 조건

엄마와 애착을 통해 만들어지는 힘, '자신감'

자유와 제한을 잘 조절하는 것이 포인트

미래 인재를 위한 육아의 세 가지 조건 중에서 가장 중요한 것이 '자신감'입니다. 아이의 자신감을 키워줄 수 있다면 육아의 90퍼센트는 성공했다고 해도 과언이 아닙니다.

"나는 사랑받는 아이다"

"나는 무슨 일이든 할 수 있다"

아이의 자신감은 환경의 변화에도 주저앉지 않으며, 좌절도 발판으로 바꾸는 강인함의 근원이 됩니다. 나는 할 수 있다고 진심으로 믿는 아이는 공부, 스포츠, 인간관계에 적극적이고 진취적인 성격으로 자랍니다.

새로운 환경에 도전하기를 두려워하지 않는 '용기'와 '근성'을 가지게 되는 것이지요.

하지만 집단의 질서와 예의를 중시하는 문화에서는 자신감을 키우기 힘든 면이 있습니다. 자신감은 아이가 어떤 일을 스스로의 의사로 추진했을 때 "내 힘으로 해냈다!"는 성공체험을 하면서 생겨나는 것입니다. 즉, 아이의 자주성을 존중하고 아이가 하고 싶어 하는 일을 하도록 지켜봐줘야 합니다.

하지만 다른 사람에게 폐를 끼치지 않고, 집단의 규칙을 지키는 데 집중하면 아이가 하고 싶은 일을 자유롭게 하도록 두기보다는 행동을 제한하려는 경향이 강해집니다.

아이의 행동을 조절할 수 있는(훈육을 제대로 한) 엄마가 '좋은 엄마'이며, 집단의 규칙을 지키는 아이가 '착한 아이'라는 문화가 사회에 자리하고 있어 엄마와 아이에게 무언의 압박을 주고 있습니다.

한 사람의 인간으로서 자신의 행동에 책임을 지는 것, 자신의 행동을 스스로 제어하는 법을 아이에게도 가르치는 것. 이를 '훈육(discipline)'이라고 합니다.

물론 공공의 장소나 집단에서 지켜야 할 규칙을 알려주는 것은 중요하지요. 하지만 엄마가 과도하게 주위의 눈을 의식해 "그렇게 하면 안 돼!", "이렇게 하지 마!" 하고 아이의 행동을 제한하면 '자신감'을 키우기 어렵습니다.

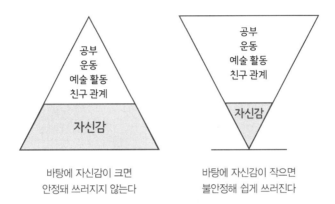

• 자신감의 중요성 •

공부
운동
예술 활동
친구 관계

자신감

공부
운동
예술 활동
친구 관계

자신감

바탕에 자신감이 크면
안정돼 쓰러지지 않는다

바탕에 자신감이 작으면
불안정해 쉽게 쓰러진다

과도한 간섭은 아이의 자신감을 빼앗는다

두 살짜리 아이가 열심히 컵으로 물을 마시려는 것을 엄마가 보게 되면, 엄마가 직접 먹여주는 일이 있습니다. 이렇게 아이가 스스로 하려는 일을 엄마가 앞서 해주는 것을 '과도한 간섭'이라고 합니다. 과도한 간섭은 반드시 아이의 의욕을 빼앗고 자신감을 떨어뜨립니다.

'남의 손을 빌리지 않고 스스로 해보고 싶어', '나 스스로 시도해보고 싶다'는 것은 인간의 자연스러운 욕구입니다. 그것을 '위험하니까', '더러워지니까', '시간이 걸리니까'라는 이유로 엄마가 가로챈다면 아이가 성장할 기회를 빼앗는 셈입니다.

이것은 아이가 어느 정도 자라도 똑같습니다. 엄마는 말해주고 싶고 도와주고 싶은 마음을 꾹 참고 아이를 지켜봐주는 것이 중요합니다.

자신감을 키우려면 자주성을 존중하고 자유롭게 행동하도록 해야 합니다. 한편으로 아이를 가르치려면 행동을 제한해야 하지요. 그래서 엄마는 자유와 제한이라는 두 가지 균형을 잘 잡는 육아를 해야 합니다.

이때 아이의 생명과 안전을 위한 간섭은 당연히 필요합니다. 엄마는 어디까지가 필요한 간섭이고, 어디서부터가 과도한 간섭인지를 분명히 구분해 아이의 의욕을 짓밟지 않도록 배려해야 합니다.

서양의 엄마는 대개 아이의 행동에 관용적입니다. 놀면서 옷을 더럽혀도 신발이 젖어도 방을 어지럽혀도 "스스로 해보고 싶어", "내가 직접 해볼 거야"라며 스스로 행동한다면 제한하지 않고 지켜봅니다.

자유롭게 행동하게 할 뿐만 아니라 작은 성공을 발견해 칭찬하는 것도 잊지 않습니다. 스스로 단추를 채웠다면 "굉장한걸! 스스로 해냈구나!"라고 성과를 칭찬하며 성공체험을 쌓게 하지요.

개인주의가 많은 서양에서는 어린 아이라도 한 사람의 인격체로 대합니다. 아이의 개성과 의사를 존중하고 어엿한 한 사람의 인간으로 대하며 '자립심'을 키우는 일이 육아의 최우선 항목입니다.

물론 그냥 내버려두는 것은 아니며, 한 사람의 인격체로서 매너와 에티켓 등 사회적인 책임이 뒤따르는 것을 엄격히 지도합니다. 엄마는 아이가 공공장소에서 소동을 피우면, 아이를 다른 곳으로 데리고 나가 흔들림 없는 태도로 야단을 칩니다.

다른 사람들 앞에서 혼을 내지 않는 것은 아이의 자존심을 상하게 하지 않으려는 배려입니다.

훈육도 필요하지만, 엄마는 아이의 자신감을 키우는 것이 가장 중요하다는 것을 다시 한 번 명심합시다. ('자신감'을 키우는 실천법은 제4장에서 자세히 알려줍니다.)

Q 엄마 공부 포인트

아이의 '자신감' 키우기

- 육아에서 자신감이 모든 것의 원동력이 된다.
- 간섭을 줄이고 성공체험을 쌓을 수 있도록 한다.

스스로 생각하고 도전하는 힘, '사고력'

미래 사회에 더욱 필요한 능력

미래 인재를 위한 육아에서 강조하는 두 번째 조건은 '사고력'을 키우는 것입니다.

현대 사회에서는 의료나 기술은 물론이고 다이어트부터 육아법에 이르기까지 매일 새로운 발견과 검증이 이루어지며, 기존의 상식을 뒤집는 일이 계속 생겨납니다. 도대체 무엇을 믿어야 할지 혼란스러울 수도 있지만 이것은 미래 글로벌 사회의 숙명이라고 할 수 있습니다.

변화가 격심한 시대에는 스스로 생각하고 판단하는 힘이 강하게 요구됩니다. 정보를 선별하는 힘, 상식을 의심하는 힘, 미래를 예측하는 힘, 다면적으로 생각하는 힘, 자신의 생각을 검토하는 힘 등의 사고력이 부족하면 범람하는 정보와 사회의 변화에 휘둘리는 인생을 살게 됩니다.

직업을 구하는 일에서도 그저 열심히 공부해서 좋은 대학에 들어가고 좋은 기업에 취직하겠다는 사고방식은 더 이상 통하지 않게 됐습니다. 실제로 안정적이라 일컬어지던 대기업이 한순간에 기울거나 외국 자본에 인수되는 시대니까요.

구글의 창업자인 래리 페이지(Larry Page)는 "20년 후에는 지금의 일을 대부분 기계가 대신하게 될 것이다"라고 했습니다. 또 마이크로소프트의 창업자인 빌 게이츠(Bill Gates)는 "창조성을 필요로 하지 않는 일은 기술이 대행하게 된다. 다가올 미래를 의식해야 한다"며 사람들에게 경고했습니다.

아이들은 지금까지의 상식과 가치관 속에서 사는 것이 아니라 자신의 인생을 스스로의 힘으로 개척해야만 합니다. **자신의 강점을 알고 어떤 인생을 살고 싶은지, 그것을 실현하기 위해 어떻게 행동해야 할지 답을 얻으려면 '생각하는 힘'이 필요합니다.**

답이 없는 문제가 매우 중요

하지만 현재의 학교 교육으로는 사고력을 충분히 키울 수 없습니다. 여전히 지식을 주입하고 답이 정해져 있는 문제를 푸는 방법을 지도하는 것이 학교 교육의 주류입니다. 물론 지식도 필요하지만, 스마트폰 하나만 있으면 지식은 누구든 손에 넣을 수 있는 시대입니다. 지식을 어떻게 활용할 것인지, 답이 없는 문제를 어떻게 해결할 것인지, 그것을 '생각하는 힘'을 키우는 것이 중요시돼야 합니다.

학교 교육처럼 수치로 평가할 수 있는 지식이나 기술을 '하드 스킬'이라고 합니다. 반면에 명확히 수치화하지 못하는 기술과 능력을 '소프트 스킬'이라고 하지요. 즉, 논리적인 사고력, 분석력, 비판적 사고력, 문제 발견력, 문제 해결력 등 ○×식 시험으로 평가하기 힘든 스킬을 말합니다.

지금 전세계 학교 교육의 주류는 '소프트 스킬'로 옮겨가고 있습니다. 교과서를 읽으면 알 수 있는 지식을 가르치기보다는 답이 없는 문제를 어떻게 풀어갈지 생각하는 기술을 가르치는 것이 학교의 역할이라고 여겨지고 있습니다.

이제껏 일본(아시아 공통)의 학교 교육은 '하드 스킬'을 육성하는 데 집중해 교육수준은 세계 최고에 이르렀습니다. 하지만 앞으로 그것만으로는 안 됩니다. 시대의 변화에 대응하기 위해 자유롭고 쾌적한 삶을 살기 위해 사고력이 필요합니다. ('사고력'을 키우는 실천법은 제5장에서 자세히 알려줍니다.)

🔵 엄마 공부 포인트

아이의 '사고력' 키우기

• 생각하는 힘이 없으면 시대의 변화에 대응하지 못한다.
• 소프트 스킬을 키우는 데 관심을 가져야 한다.

관계를 넓히고 인생을 개척하는 힘, '의사소통능력'

글로벌 시대에 신뢰를 형성하는 데 필수

자신감, 사고력에 이어 육아의 세 번째 조건은 '의사소통능력'입니다.

사실 지금까지 육아에서 의사소통능력을 의식한 적은 없었습니다. 굳이 아이에게 의사소통 방법을 알려주지 않아도 자연스레 말과 가치관을 공유하는 것이 당연시됐기 때문이지요.

하지만 최근 몇십 년 동안에 국내외 상황이 완전히 달라졌고 외국인 관광객과 노동자가 늘어났습니다. 같은 나라 사람이라도 자라온 지역이나 문화, 세대와 성별에 따라 다른 가치관을 가질 수 있으며, 더 다양한 삶의 방식을 인정하는 사회를 실현해야 한다는 흐름이 생겨났습니다.

어떤 일을 하고 있든 어떤 지역에 살았든 상관없습니다. 시간이 지나면서 다양한 문화와 사고방식이 계속 생겨날 테니까요. 그 속에서는 의사소통능력이 없으면 소통이 되지 않고, 인간관계를 만들 수 없으며, 일을 원활히 진행하지 못하는 등의 여러 장애가 발생합니다. **인생의 선택지를 넓혀가려면 언제 어떤 환경에서도 주위 사람들과 신뢰 관계를 만들기 위한 의사소통능력이 필수적입니다.**

엄마가 가르치면 어떤 아이든 익힐 수 있다

의사소통능력을 어렵게 생각할 필요는 없습니다. 하나하나의 행동은 단순해서 엄마가 아이의 본보기가 돼 가르쳐주면 됩니다.

예를 들어, 상대방의 눈을 보고 웃으면서 인사하기가 있습니다. 세계적으로 미소는 "나는 위험한 사람이 아니에요"라는 뜻을 보여주는 것이며 의사소통의 기본입니다.

웃는 얼굴로 인사하지 못하는 사람은 소통의 울타리에 들어가기가 힘듭니다. 그 속에 들어가지 못하면 인간관계도 형성하지 못하지요. 미소를 지을 수 있느냐 없느냐로 인해 인간관계, 아이들의 경우에는 인격 형성에도 큰 영향이 생기는 것입니다.

이러한 경향은 다양한 문화, 민족이 섞여 있는 국가일수록 두드러집니다. 소셜 미디어에 올라온 1억 5천만 장의 사진을 분석한 결과, 미소가 가장 많은 국민은 브라질인이었습니다. 브라질은 다문화·다민족이 모이는 세계화의 최전선을 달리는 나라입니다.

그 밖에 상대방의 눈을 보며 이야기하기, 자신의 생각을 정확히 전달하기, 다른 사람의 이야기를 끝까지 듣기 등 사람과 사귈 때의 규칙을 알려주는 것은 엄마의 역할입니다.

엄마와 아이가 평상시에 주고받는 무의식적인 상호작용이 아이의 의사소통능력에 큰 영향을 줍니다. 아이는 진심으로 자신의 생각과 기분을 엄마와 공유하고 싶어 합니다. 엄마와 자녀 간의 일상적인 잡담을 소중히 여기면 아이의 의사소통능력을 키울 수 있습니다.

아이는 엄마를 본보기로 성장합니다. 엄마와 자녀를 관찰하면 표정, 몸짓, 말투, 손짓 등이 판박이라는 것을 알 수 있습니다. 즉, 엄마가 좋은 본보기를 보이면 아이는 좋은 의사소통능력을 익힐 수 있는 것이지요. ('의사소통능력'을 키우는 실천법은 제6장에서 자세히 알려줍니다.)

🔍 엄마 공부 포인트

아이의 '의사소통능력' 키우기

- 의사소통능력이 좋으면 인간관계도 좋아진다.
- 엄마가 의사소통의 본보기를 보여라.

제4장

자존감 높은 아이 만들기

엄마와 애착이 형성될 때 만들어지는 '자신감'

'근거 없는 자신감' 키우기

아이가 자신감을 갖게 되는 때는 크게 두 시기로 나뉩니다.

0~6세는 '근거 없는 자신감'을 키우는 시기로, 엄마가 아이를 무조건 믿어주며 자신감을 키워줘야 합니다. 7세 이후는 '근거 있는 자신감'을 키우는 시기로, 아이 스스로 자신감을 획득해야 합니다.

먼저 '근거 없는 자신감' 키우는 방법을 살펴봅시다. 이 단계는 엄마와 아이의 관계가 중요하며, 아빠는 두 사람을 잘 지원해야 합니다.

0~3세, '근거 없는 자신감'은 엄마의 사랑으로 자란다

최초의 반항기를 어떻게 넘길 것인가

'근거 없는 자신감'이란 '나는 엄마에게 사랑받고 있다', '엄마는 나를 받아들이고 있다', '엄마가 나를 소중히 여기고 있다'는 자신감입니다. 즉, 본인이 가치 있는 인간이라고 아이가 스스로의 존재를 진심으로 믿는 상태입니다.

먼저 근거 없는 자신감은 100퍼센트 엄마가 부여하는 것이 전제입니다. 이것은 아이가 아무리 노력해도 손에 넣을 수 없습니다. 어린 시절에 엄마에게 사랑을 듬뿍 받고 소중한 존재로 자랐을 때만 획득할 수 있는 자신감입니다.

'엄마에게 사랑받고 있다', '나는 가치 있는 인간'이라는 근거 없는 자신감을 크고 굳건한 피라미드처럼 만드는 것이 육아의 첫걸음입니다. 근거 없는 자신감이 크고 안정돼 있으면 그 위에 쌓아올릴 공부, 운동, 예술 활동,

친구 관계 등 모든 것이 원만해집니다.

반대로 근거 없는 자신감이 작고 불안정하면 그 위에 놓일 공부, 운동 등 모든 것이 제대로 쌓이기 힘들지요. 또 쌓아올릴 기능이 늘어날수록 안정감이 없어져 정신이 흔들리게 됩니다. 즉, 어려움이 닥치면 좌절하기 쉽고, 압박에 무너질 가능성이 커지는 것입니다.

하지만 아이를 그대로 받아들인다고는 해도 때로는 꾸짖고 지도하는 것이 필요합니다. 특히 2~3세 무렵은 무엇이든 자신의 힘으로 시도해보려는 호기심이 왕성한 시기입니다. 그래서 집안에 온통 낙서를 하거나 스티커를 붙이고, DVD플레이어에 물건을 끼워 넣고 화장실에 휴대전화를 떨어뜨리는 등 여러 가지 '하지 말아야 할 행동'을 합니다.

아이는 무엇이든 해보고 싶은 마음이 있지만, 엄마에게는 아이의 행동을 조절해야만 한다는 마음이 있습니다. 이 상반된 마음이 충돌하면 아이의 반항이 시작되는 것입니다.

"옷 더럽히지 말자" ↔ "싫어"

"밥은 깨끗하게 먹어야지" ↔ "싫어"

"장난감 정리해요" ↔ "싫어"

이 반항기에는 엄마가 무슨 말을 해도 아이가 "싫어!", "아니야!"라고 반응해 많은 엄마가 어떻게 대응하면 좋을지 혼란스러워합니다. 아이는 자신의 행동을 조절당하는 것이 싫으니 거부의 말을 하는 것인데, 엄마가 그 마음을 받아주지 않고 "이젠 정말 네 마음대로 해"라며 밀어낸다면 사랑받고 있다는 자신감이 무너져버립니다.

자신감을 꺾지 않고 훈육하려면 납득할 수 있는 이유가 필요

훈육할 때 중요한 것이 바로 말로 제대로 가르쳐주는 것입니다. 상대방이 아이라고 생각하지 말고 어째서 그런 행동을 하면 안 되는지를 상냥하고 정중하게 말로 설명하세요.

예를 들어, 장난감을 다 꺼내놓기만 하는 경우에는 다음과 같이 말해봅니다.

"장난감을 원래 자리에 정리해놓지 않으면 또 가지고 놀고 싶을 때 어디 있는지 모르게 된단다. 소중한 장난감을 못 찾으면 기분이 어떨까? 엄마가 도와줄 테니 원래 자리에 누가 빨리 가져다 놓는지 시합해보자."

이렇게 하나씩 설명하고 왜 그런 행동을 하면 안 되는지 생각하게 하면, 아이도 점차 받아들이고 이해하게 됩니다. 일방적으로 "저렇게 해", "이렇게 해"라고 말해봐야 아이가 납득하기는커녕 명령과 부정어가 늘어나서 근거 없는 자신감이 약해질 뿐입니다.

반항의 원인은 '자립심'과 '외로움'의 갈등

반항은 2~3세 아이들에게 많이 나타나는데, 여기에는 사실 또 하나의 이유가 있습니다. 바로 '자립하고 싶은 자신'과 '엄마로부터 떨어지고 싶지 않은 자신' 사이의 갈등 때문입니다.

옷 갈아입기, 식사, 화장실 가기 등 조금씩 스스로 할 수 있는 일이 생기는 2~3세 아이는 일생 중에서 가장 '자립심'이 강합니다. 그러면서도 동시에 엄마로부터 떨어지는 것에 대한 외로움도 느끼지요.

'뭐든지 내가 해보고 싶어!'
'하지만 엄마에게서 떨어지는 건 괴로워!'

이 두 마음이 부딪혀 짜증을 내고 반항적인 태도를 보이게 됩니다.

엄마는 아이의 심정을 이해해주세요. 그리고 "그래그래, 알았다. 계속 잔소리해서 미안해" 하고 아이를 받아들이세요. 반항기의 아이를 밀어내면 안 됩니다. 아이를 있는 그대로 받아들이는 것이 '근거 없는 자신감'을 키워줍니다. 다음에 소개할 '스킨십'과 함께 꼭 명심하기 바랍니다.

엄마 공부 2

스킨십으로 사랑을 전달하자

엄마의 사랑을 전달하는 최고의 방법

0~6세 아이의 '근거 없는 자신감'을 키우는 최고의 방법은 '스킨십'입니다. 살과 살의 맞닿음을 통해 사랑받고 있다는 느낌을 아이에게 전달할 수 있거든요. 엄마가 꽉 안아주면 '나는 사랑받고 있구나', '소중한 존재구나' 하고 아이는 마음 깊이 실감합니다.

아기일 때는 여러 가지로 손이 많이 가니 엄마가 그리 의식하지 않아도 엄마와 아이의 피부접촉이 많습니다. 젖을 먹이고 안아주고 목욕을 시키면서 엄마는 아이와 늘 스킨십을 할 수 있으니까요. 하지만 아이가 자기 발로 걷게 되고 스스로 할 수 있는 일이 늘어나면서 살이 맞닿는 일이 줄어듭니다. 그러면 사랑받고 있다는 자신감이 흔들리기 시작하면서 정서가 불안해집니다.

앞서 이야기했듯이 그것이 바로 2~3세에 찾아옵니다. 정서불안인 아이는 안아주고 뺨을 부비고 등과 머리를 쓰다듬으며 스킨십을 늘려주면 이상행동이 금세 사라집니다. 하지만 대부분의 엄마가 이 간단한 대처법을 잘 모릅니다.

앞서 말했듯이 엄마는 충분하다고 생각해도 사실 아이에게는 불충분합니다. 사랑받는다는 실감이 부족한 경우가 많이 보입니다.

아이의 마음속에는 '자신감'과 '불안'이 늘 함께 살고 있습니다. 정서가 불안해지는 것은 불안이 자신감보다 커졌을 때이며, 아이는 반드시 "불안해, 도와줘!"라는 신호를 보냅니다. 이를 놓치지 않아야 합니다.

사랑받는다는 느낌이 부족하면 반드시 행동으로 드러난다

아이에게 평소와 다른 행동이 눈에 띈다면 불안이 크다는 표시입니다. 손가락 빨기나 손톱 깨물기, 자다가 오줌 싸기, 엄마에게 들러붙기, 유치원에 안 가려고 하기, 늑장을 부리는 일이 많아지는 것 등은 '불안'을 호소하는 신호입니다.

아이가 불안의 신호를 보이면 불안을 어떻게 하려 하기보다는 '자신감'을 키우는 데 마음을 쓰세요. 6세까지의 아이는 하루에도 몇 번씩 '자신감'과 '불안'이 좌우로 흔들립니다. 자신감이 클 때는 씩씩하고 활발하지만, 불안이 커지면 기분이 안 좋고 소극적으로 바뀌지요. 이 작은 마음의 변화를 놓치지 말고 스킨십의 양을 조정해주세요.

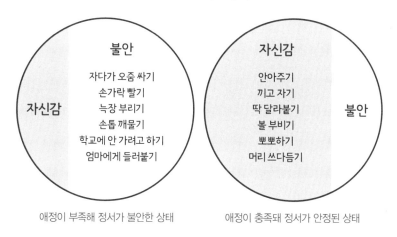

• 애정에 따른 정서 상태 •

불안

자다가 오줌 싸기
손가락 빨기
늑장 부리기
손톱 깨물기
학교에 안 가려고 하기
엄마에게 들러붙기

자신감

자신감

안아주기
끼고 자기
딱 달라붙기
볼 부비기
뽀뽀하기
머리 쓰다듬기

불안

애정이 부족해 정서가 불안한 상태　　　　애정이 충족돼 정서가 안정된 상태

훈육 전에 스킨십

훈육을 할 때도 스킨십을 늘리면 훈육이 원만히 이루어집니다.

사람은 마음이 충족되지 않았을 때 "이렇게 해!", "저렇게 해!"라고 말해봐야 움직이지 않습니다. 하지만 스킨십으로 마음이 채워지면 엄마의 말을 받아들일 여유가 생깁니다.

훈육은 아이의 자신감이 클 때 해야 실패하지 않아요. 특히 **불안이 강할 때, 정서가 불안할 때는 억지로 훈육하려고 하지 말고, 스킨십으로 마음을 먼저 채워준 다음에 훈육을 하는 것이 좋습니다.**

어린이집이나 유치원에 다니기 시작할 무렵, "가기 싫어", "안 갈래"라며 울고 떼쓰는 아이가 있다고 가정해봅시다. 엄마와 떨어지지 못하고, 모자분리가 안 되는 것도 '근거 없는 자신감'이 흔들리고 있다는 신호입니다.

이때는 '두 번 다시 엄마를 못 볼지도 몰라', '엄마가 없어질지도 몰라', 더 극단적으로는 '엄마에게 버림받을지도 몰라'라는 불안이 마음 어딘가에 있는 것입니다. 그런데 "엄마 좀 힘들게 하지 마!", "이젠 나도 모르겠다"라며 아이를 밀어내면 아이는 더 크게 울어버립니다.

안심할 수 있는 가정을 떠나 새로운 환경에 들어가는 것은 어린 아이로서는 홀로 외국에 가는 것처럼 큰 도전입니다. 이 불안감을 뛰어넘으려면 "무슨 일이 있어도 엄마가 지켜줄 거야!"라고 아이가 100퍼센트 확신하고 있어야 합니다.

우선은 "○○야, 외롭게 해서 미안해"라며 아이에게 사과하세요. 그리고 힘껏 안아주세요. 아이가 진정되면 "엄마도 ○○랑 헤어지는 건 마음이 아파. 하지만 엄마는 일을 하러 가야 하니까 계속 같이 있지는 못해. 무슨 일이 있으면 엄마가 꼭 도와주러 올 테니까 조금만 참아줘" 하고 말해줍니다.

그렇게 "나는 엄마의 사랑을 받고 있어. 그러니 조금 떨어져 있어도 괜찮아!"라고 확신하면, 몇 번이고 뒤돌아보며 엄마의 모습을 확인하지 않아도 앞을 보며 당당히 새로운 환경으로 발을 내딛을 수 있게 됩니다.

집안일 돕기로 성공체험을 쌓는다

집안일 돕기를 통해 다른 사람에게 감사를 받는 기쁨 경험

1~6세 아이의 '근거 없는 자신감'을 키우는 데 가장 좋은 방법이 바로 심부름입니다.

요즘은 집안일을 아이에게 분담시키는 가정이 많이 줄어들었습니다. 맞벌이 가구가 늘었다고는 하지만 청소, 빨래, 쓰레기 분리수거, 식사 준비와 뒷정리를 모두 엄마 혼자 하는 집이 많습니다. 그 결과 엄마는 가사와 육아(여기에 직장일까지)에 쫓겨 지쳐버립니다.

엄마가 피곤하고 짜증이 나 있으면 육아를 잘할 수 없습니다. 엄마의 스트레스를 줄여주기 위해서라도 아빠가 적극적으로 집안일에 참여하고, 아이에게도 집안일을 돕게 하면 가정환경이 더 좋아집니다.

그렇다면 이를 전제로 아이에게 집안일을 돕게 하는 방법을 살펴

봅시다. 우선 기본은 아이에게 간단한 집안일을 정중한 말로 부탁하는 것입니다. 그리고 아이가 도와주면 "네 덕분에 훨씬 빨리 끝났어, 고마워!" 하고 안아주면서 감사의 말을 전하세요. 그러면 **아이는 '스스로 해냈다'는 성공체험을 쌓음과 동시에 엄마의 스킨십과 감사의 말 덕분에 자신감이 커집니다.**

육아를 잘하는 가정은 아이에게 집안일을 자주 부탁해 성공체험을 많이 쌓도록 합니다. 다른 사람에게 감사 받는 기쁨을 많이 경험하며 자란 아이는 적극적이며 개방적인 성격으로 자랍니다.

큰아이에게 동생을 돌보게 하면 형제자매의 사이가 좋아진다

일상적인 집안일뿐만 아니라 동생이 태어났을 때는 큰아이를 육아에 참여시키세요. 큰아이가 엄마와 함께 아기를 돌보는 것이지요. 큰아이 역시 두 살로 나이가 어리더라도 믿고 돕게 하세요. 기저귀나 물티슈를 가지고 오게 하거나 우유 먹이기를 돕게 하고, 목욕을 돕게 할 수 있습니다. 당연히 어린 아이의 손을 빌리는 것보다 엄마가 직접 해버리면 빨리 진행되겠지만, 일부러 큰아이에게 부탁하고 돕도록 하는 것입니다.

왜냐하면 이렇게 했을 때 필연적으로 큰아이를 칭찬할 일이 늘어나기 때문입니다. 칭찬을 받고 성공체험을 쌓으면 자신감도 커집니다. 그러면 형제자매 간의 문제가 적고 사이가 좋아집니다.

이렇게 동생 돌보기를 시키면 가족의 일원으로서 책임감도 생깁니다. 이런 경험이 나중에 사회의 일원으로서 책임 있는 행동을 하게 하는 힘으로 이어지는 것이지요.

집안일 돕기를 잘하고 못하고에 대해 이러쿵저러쿵 말하지 않기

집안일을 돕게 하는 최대의 목적은 어디까지나 '성공체험'을 쌓는 것이라는 점에 주의해야 합니다. 혹시라도 어려운 집안일이나 실패할 만한 일을 도우라고 부탁하지는 마세요. 반드시 아이가 할 수 있는 범위 내에서 시작해야 합니다.

예를 들어, 빨래를 잘못 개거나 돕는 것이 어설퍼도 "○○가 도와줘서 정말 도움이 됐어. 고마워!"라고 감사인사를 하고 안아주세요. 절대로 아이가 보는 앞에서 아이가 갠 빨래를 다시 고쳐 개지 마십시오. 아이가 제대로 못했을 때는 다른 빨래로 "이렇게 하면 더 예쁘게 된단다" 하고 개는 방법을 상냥하게 알려주세요.

그 밖에도 쌀을 씻는 법을 알려주거나 청소 방법을 가르쳐주면 아이는 새로운 말을 배우게 되고, 새로운 기술을 익히며 어떻게 해야 더 잘할 수 있는지 생각하는 법도 배우게 됩니다.

집안일 돕기는 말하자면 사회체험의 첫걸음입니다. 자신의 능력을 발휘해 다른 사람에게 도움이 되고, 다른 사람에게 감사 받는 기쁨을 체험하고, 언어력, 사고력, 집중력, 의사소통능력도 발달시킬 수 있습니다.

"쌀 주변에 약이 묻어 있어서 씻어내는 거야" 하고 알려주면 말과 지식이 늘어납니다. 나아가 "어떻게 하면 쌀이 깨끗해질까?", "어떻게 딱딱한 쌀이 부드러운 밥이 되는 걸까?" 하고 질문해 생각하는 힘을 키울 수도 있지요.

청소나 빨래도 엄마가 재빨리 해치우지 말고 아이와 함께하세요. 아이와 소통하면서 집안일을 하면 엄마와 아이의 유대감이 깊어짐과 동시에 아이의 지적 호기심을 자극할 수 있습니다.

연령별 집안일 돕기의 예

[1~2세] 바닥 청소, 수저 놓기, 장난감 정리, 쓰레기 버리기

[3~4세] 바닥 청소, 유리창 닦기, 탁자 닦기, 방 정리, 먼지 떨기, 식사 그릇 준비, 식사 뒷정리, 설거지, 빨래 개기

[5~6세] 욕실 청소, 화장실 청소, 청소기 돌리기, 쓰레기 분리수거, 채소 껍질 까기, 밥하기, 달걀 깨기, 설거지, 빨래 널기, 빨래 개기, 빨래 옷장에 넣기

Q 엄마 공부 포인트

'근거 없는 자신감' 키우기

- '근거 없는 자신감'은 100퍼센트 엄마가 주는 것이며 스킨십이 중요하다.
- 집안일을 돕게 해 다른 사람으로부터 감사 받는 기쁨을 경험하게 한다.
- 2~3세 아이의 반항기는 '받아들이는 것'이 중요하다.

'근거 있는 자신감' 키우기

엄마의 사랑을 통해 '근거 없는 자신감'을 키운 후, 초등학교에 들어가면서부터는 '근거 있는 자신감'을 키워야 합니다.

'근거 있는 자신감'은 아이가 스스로의 노력으로 획득하는 능동적인 것입니다. 아이가 운동, 음악, 미술, 만들기, 연극 등의 활동에 참여하도록 하고, 스스로 노력하면서 성과를 내면 '자신감'을 쟁취할 수 있으므로 잘 지도합니다.

이 단계부터는 아빠의 역할이 중요합니다.

초등학교에 들어가면
경쟁에 참여시키자

근거 있는 자신감은 '계속'과 '경쟁'을 통해 키워진다

'근거 있는 자신감'을 손에 넣는 방법을 구체적으로 알아봅시다. 이 것은 운동, 음악 콘테스트, 발표회에 나가 사람들 앞에서 춤이나 연극을 선보이는 등 주로 예체능 분야에서 경쟁하며 한 가지를 계속할 때 얻을 수 있습니다.

특히 초등학생이 되면 경쟁의 세계에 참여시키세요. 이렇게 말하면 반대하는 분이 계실지도 모르지만, 경쟁을 피하면 아이에게 목표를 향해 노력하는 의욕이 자라지 않습니다.

필자는 학문에 경쟁은 필요하지 않다(시험 점수로 순위를 매기거나 경쟁을 통해 학력을 향상시키는 것에는 반대)고 생각하지만, 과외활동의 경쟁은 아이의 건전한 성장에 꼭 필요한 과정입니다.

아이를 경쟁에 참여시키는 목적은 상대방을 무너뜨리는 방법을

가르치는 것도, 우월감을 심어주기 위한 것도 아닙니다. 그 목적은 크게 두 가지입니다.

첫째는 경쟁을 통해 자신의 '강점'을 깨닫게 하기 위해서입니다. 자신의 '강점'을 알고 훈련하는 데 경쟁이 필요합니다.

둘째는 어려움에 맞서는 힘, 패배 후에 다시 일어서는 힘, 압박 속에서 실력을 발휘하는 힘 등 '튼튼한 마음'을 기르기 위해서입니다.

물론 경쟁을 하면 패자가 되기도 합니다. 육상경기에서 지면 '나는 발이 느리다'는 현실에 맞닥뜨리게 되겠지요. 하지만 그것도 아이에게는 필요합니다. '나는 발이 느리다, 그러니 다른 분야에서 열심히 해야겠어!' 하며 사고를 전환하는 계기가 되니까요.

자신의 강점이나 약점을 잘 모른 채 어른이 되면 진학이나 취직에 실패하는 경우가 많습니다. 그냥 아무 생각 없이 대학에 다니고 취직해서 '자신에 대해 잘 모른 채' 일하다 보면, 이직을 밥 먹듯이 할 수밖에 없습니다.

경쟁이란 아이가 사회에 나가기 위한 훈련이라고 생각하세요. 어릴 때는 경쟁을 시키지 않겠다며 아이를 지켜주겠다는 생각과 행동이 오히려 부모로서 무책임한 것입니다.

아이의 '강점'이 성장하는 활동을 시키자

아이의 개성과 신체능력에 맞는 활동 찾기

아이를 경쟁시키는 과정에서는 아이가 '강점'을 기를 수 있어야 합니다. 아무리 작은 것이라도 좋으니 남들보다 뛰어나고, 남들과는 다른 면을 한 가지 키워주면 아이의 자신감은 계속 커집니다. 그리고 이 강점을 살릴 수 있는 활동을 하면 아이는 잘 성장합니다.

하지만 초등학생인 아이가 스스로 자신의 강점을 알아차리기는 힘들지요. 가장 가까운 존재인 부모가 강점을 발견해 분명한 말로 전달해주는 것이 중요합니다.

강점이라고 하면 좋은 면, 장점이어야 한다고 여기는 분들이 많습니다. 하지만 아이의 강점은 약점 속에 숨어있는 경우가 많습니다.

예를 들어, 집중력이 없다는 것은 많은 아이들에게 공통된 단점인데, 관점을 바꾸면 활발한 아이가 되고 남들과는 다른 개성이기도 합니다. 이 활발함을 강점으로 키운다면 장래에 큰 인물이 될 수도 있습니다.

물론 아이가 무언가에 강한 관심을 보이거나, 누가 보아도 재능이나 소질을 가졌으며, 신체능력이 뛰어난 부분이 있으면 그것을 강점으로 키워주세요.

아이의 강점을 찾아내는 법

아이의 강점이 무엇인지 잘 모를 경우에는 아이가 주위 사람들에게 어떻게 보이는지 떠올려보세요. 조부모, 엄마 친구들, 유치원 선생님에게서 "○○는 인기가 아주 많아요", "○○는 늘 활기차요", "○○는 착해요"라는 말을 들을 것입니다. 그것이 아이의 '강점'입니다.

아이가 놀고 있을 때의 모습도 잘 관찰해보세요. 혼자 놀 때의 모습을 관찰하면 아이가 어떤 것에 흥미와 관심이 있는지 알 수 있습니다. 그리고 친구들과 놀 때의 행동을 관찰하면 아이의 성격이나 신체능력의 강점이 눈에 들어옵니다. 지기 싫어한다, 대장이 되려 한다, 주위에 신경을 쓴다, 동작이 기민하다, 지칠 줄 모른다, 무엇이든 열중한다, 배려심이 있다, 열심히 한다 등입니다.

이런 강점을 생각해 과외활동을 결정하면 아이도 활동에 열중할 수 있습니다. 다음의 세 가지 조합을 분석하면 아이에게 가장 알맞은 활동이나 장래의 학교 선택, 직업 선택에 도움이 됩니다.

① 성격·인성, 대인관계

(상냥하다, 사람들과 잘 어울린다, 느긋하다, 기가 세다, 섬세하다, 사교적이다 등)

② 흥미, 관심

(동물을 좋아한다, 기계를 좋아한다, 만들기를 좋아한다, 춤추기를 좋아한다 등)

③ 운동능력, 신체적 특징

(신체가 크다, 힘이 세다, 끈질기다, 지구력이 있다 등)

'아이의 강점 찾기' 표를 만들어 채워보세요. 너무 깊이 생각하지 않아도 됩니다. 머릿속에 바로 떠오르는 것들을 적어보세요. 그리고 아이의 강점을 키울 수 있는 활동이 무엇인지 부부가 함께 이야기해 보는 시간을 가집니다. 아이의 적성에 맞고 부모가 지원할 수 있는 것이라면 이상적이겠지요.

강점의 절정은 성인기

아이의 강점을 생각하기 시작하면 주위 아이들과 비교하면서 "우리 애의 장기는 뭐지?" 하고 혼란스러울 수도 있습니다.

하지만 육아의 목표점은 아이가 자신의 발(스스로의 의지)로 자신의 인생을 걷기 시작하는 18~20세입니다. 6~7세의 아이를 주위와 비교해 "우리 애는 머리가 나쁜가봐" 하고 탄식할 필요는 없습니다. 처음에는 작디작은 강점의 싹이 성장하면서 여러 활동을 통해 점점 꽃을 피우게 됩니다.

· 아이의 강점 찾기 ·

성격·인성, 대인관계	성격·인성	
	대인관계	
	남들과 다른 점	
흥미, 관심	음악·예술	
	자연과학	
	운동	
	기타	
운동능력, 신체적 특징	운동능력	
	신체적 특징	

이 강점의 싹을 어떻게 성장시키느냐는 장래에 아이가 획득하게 될 '근거 있는 자신감'의 크기와 깊이 연관됩니다. 그러니 아이의 특성에 맞지 않는 활동을 시키거나 부모의 희망으로 선택하지 마세요.

아이에게 강요하면 안 되겠지만, 아이의 활동을 선정하는 핵심은 '부모가 경험한 것' 혹은 '부모가 알고 있는 것'을 추천합니다.

부모가 경험한 것이면 초보적인 기술을 알려줄 수 있어요. 또 잘하려면 얼마나 노력해야 하는지, 부모의 경험을 아이와 공유할 수 있습니다. 그 결과, 아이는 먼 길을 돌아가지 않고도 재능을 향상시킬 수 있습니다.

공부 외의 경쟁이
자신감 키우기에 필요한 이유

공부로 획득한 자신감은 견고하지 않아서 무너지기 쉽다

앞에서 아이의 강점을 발견하고 그것을 키울 수 있는 활동을 하면 좋다고 했습니다. 그런데 "장래의 입시를 생각해서 공부만 열심히 시키면 되지 않을까?", "과외활동은 시간 낭비가 아닐까?" 하고 생각하는 엄마도 있을지 모릅니다.

하지만 공부만으로 '근거 있는 자신감'을 얻는 수준까지 가기란 상당히 어렵습니다. 산수를 잘하는 아이가 있다고 가정해봅시다. 노력한 보람이 있어서 학년에서 1등을 했습니다. 주위에서 "산수를 잘하는구나"라는 이야기를 듣게 되지요. 그러면 아이 스스로도 '나는 산수를 잘해'라며 자신감을 갖게 됩니다.

하지만 산수가 1등인 아이는 이웃학교에도 그 옆의 학교에도 있습니다. 또 다른 지역의 학교에도 있지요. 중학교, 고등학교, 대학교까지 경쟁상대가 늘어나면 늘수록 산수(수학)에서 최고의 성적을 얻기는 어려워집니다.

앞서 한국인이 하버드대학 등 명문대학 진학률이 아시아 최고지만 중퇴율도 40퍼센트를 넘는다고 했습니다. 해외 명문대학에는 세계 각국의 천재들이 모입니다. 지금껏 자신이 살던 곳에서는 천재라 불렸는데, 대학에서는 평균점도 못 받는 일이 벌어지지요. 강점이 더 이상 강점이 아니게 된 순간의 좌절감은 매우 큽니다. 즉, **공부는 누구나 하는 것이어서 재능을 키우기는 쉽지만, 그만큼 벽에 부딪혔을 때 단번에 자신감을 상실할 수 있습니다.**

그래서 공부 외의 것을 통해 '근거 있는 자신감'을 키우는 것이 좋습니다. 운동, 음악, 춤, 연극, 바둑, 장기 등 무엇이든 괜찮습니다. 아이가 흥미를 갖고 할 만한 활동, 아이의 특성과 강점을 살릴 수 있는 활동에 도전하게 하세요.

단체 스포츠를 특별히 추천하는 이유

외국에서는 운동, 음악 등의 과외활동에 진지하게 임하는 아이일수록 '균형이 잡혀 바른 사람(Well Rounded Person)'으로 자란다고 생각합니다.

할리우드에서 활약하는 배우 마시 오카(岡政偉)는 〈히어로즈(HEROES)〉라는 드라마에서 조연(시간을 멈추는 초능력을 가지고 있으며 "해냈다!"를 외치는 직장인)으로 연기하며 유명해졌습니다.

영어와 일본어가 유창한 바이링구얼 연기자로 알려져 있지만, 사실 그의 본업은 컴퓨터 엔지니어입니다. 마시 오카는 유소년기에 어머니와 미국으로 이주해 명문인 브라운대학에 입학해(하버드대학에도 합격했으나 입학 취소함) 컴퓨터 사이언스(프로그래밍)을 배웠습니다. 12세에는 '아시아계 미국인의 탁월한 두뇌'라는 〈타임(Time)〉지의 특집으로 표지를 장식할 만큼 수재였습니다.

그는 전공 공부뿐만 아니라 일본어, 영어, 스페인어, 프랑스어도 할 줄 알고, 검도는 유단자의 실력을 가지고 있습니다. 대학시절에는 아카펠라 그룹에서 보이스 퍼커션(Voice Percussion, 입으로 타악기 소리를 냄)도 담당하는 등 공부 외의 분야에서도 다양한 무기를 만들어왔습니다.

그리고는 우뇌와 좌뇌를 모두 사용할 줄 아는 인간의 가능성을 실현한다며, 연기자의 세계에 발을 들었습니다. 어릴 때부터 길러온 많은 재능을 융합시켜 예능의 세계에서 활약하고 있는 것이지요. 이처럼 **공부 외의 활동은 아이의 사회성과 정신의 발달을 촉구하며 장래에 선택의 폭을 넓혀줍니다.**

미국의 경우에는 일반적으로 지역의 단체 운동팀에 아이를 가입시킵니다. 기술적인 부분은 둘째 치고, 계속 시합에 참가시켜 진지하게 경쟁하는 재미를 체험하게 하는 것입니다. 주말이 되면 곳곳의 운동장에서 아이들이 땀범벅이 돼 시합하는 모습을 볼 수 있습니다.

특히 단체로 하는 운동은 꾸준히 노력하는 끈기, 실패를 두려워하지 않는 도전정신, 동료와 서로 돕는 마음, 마지막까지 포기하지 않는 인내력, 부담감에도 지지 않는 정신력, 팀의 일원으로서의 책임감, 코치나 지원해주는 사람들에게 대한 감사와 존경심 등을 배울 수 있습니다.

이러한 정신은 세계의 기업이 원하는 리더의 모습 그 자체입니다. 운동은 아이의 자신감을 키우고, 봉사 정신과 리더십을 키워줍니다. 그러니 아이를 운동에 참여시키는 것이 중요합니다.

실제로 공부와 병행해서 운동을 진지하게 계속해온 아이에게는 '끈기'와 '다시 일어서는 힘'이 있었습니다. 좌절이나 실패를 경험해도 마음을 고쳐먹고 다시 계속 도전할 수 있는 것이지요.

과외활동을 10년간 계속 시켜 특기로 만들자

'고생 끝에 낙이 온다'는 말처럼 진정한 자신감을 갖게 된다

'근거 있는 자신감'을 키우는 데 가장 중요한 것은 시작한 활동을 오래 지속하는 일입니다. 1~2년만 하고 끝내지 말고 학창시절 내내 10년 정도 계속하게 해서 과외활동을 '특기'로 바꾸는 것입니다.

꼭 최고가 될 필요는 없어요. 최고를 목표로 진지하게 꾸준히 지속하는 것만으로도 강한 정신력을 길러줍니다. 10년 이상 열심히 해왔다는 사실이 근거가 돼 아이를 좌절이나 역경에서 구해낼 수 있지요.

사실 무엇이든 계속하게 하기가 쉽지는 않습니다. 하지만 과외활동을 계속하게 하는 비결이 있습니다. 애초에 아이가 과외활동을 "더는 안 하고 싶어요!", "그만 둘래요"라고 말하는 이유가 무엇일까요? 그 이유는 잘 못하기 때문입니다. 누구나 잘 못하는 일을 하는

것은 즐거울 수 없습니다. 수영을 못하는 아이를 수영교실에 보내면 처음엔 싫은 경험, 좌절감을 맛볼 뿐입니다.

즉, 아이의 과외활동을 계속하게 하려면 우선은 가정에서 규칙과 기본적인 기술을 가르쳐야 합니다. 수영교실에 보내기 전에 아빠가 수영장에 데리고 가서 발을 움직이는 방법, 숨을 이어가는 타이밍, 뛰어들 때의 비결을 알려주세요.

부모가 아이의 연습을 도와줘 주위 아이들보다 조금만 더 능력을 키워주면 아이는 "할 수 있다!"라는 자신감을 갖습니다. 그러면 더 잘하고 싶은 마음에 스스로 연습에 매진하게 됩니다.

압도적인 가창력과 퍼포먼스로 그래미상을 여러 차례 수상하고, 젊은 나이에 댄스계의 최고봉에 오른 브루노 마스(Bruno Mars)라는 아티스트를 아시나요?

브루노 마스는 하와이 출신으로 기타와 피아노 연주는 물론이고 보이스 트레이닝, 댄스와 무대 퍼포먼스까지 부모가 지도했습니다. 초등학생이 될 무렵에는 아버지와 함께 밴드활동에도 참여했습니다. 매일 밤 와이키키의 호텔에서 엘비스 프레슬리(Elvis Presley)와 마이클 잭슨(Michael Jackson)의 모창을 선보였지요.

즉, 그의 재능은 우연히 눈뜬 것이 아니라 부모가 기본적인 기술을 지도해 특기로 끌어올리고 아이의 능력을 인정받을 수 있는 환경을 제공하는 등 아낌없이 지원한 것입니다.

이처럼 아이는 자신의 재능에 자신감을 갖게 되면 더 높은 목표를 향해 노력을 계속하게 됩니다. 다른 아이와 똑같이 일주일에 1~2번의 그룹연습에 참여해서는 뛰어난 실력을 발휘할 수 없습니다. 부모가 적극 지원해 아이가 최고의 속도로 출발할 수 있도록 하는 것이 중요합니다.

인기 있는 자리보다 경쟁이 적은 '틈새'를 노려라

과외활동을 특기로 끌어올리는 한 가지 방법이 '틈새' 노리기입니다.

아이가 어떤 과외활동을 시작할 때 대부분의 부모는 아이가 그 분야에서 인기 있는 자리를 차지하길 바랍니다. 야구의 경우에는 투수나 4번 타자, 축구라면 포워드(득점을 올리는 위치), 오케스트라(심포니)라면 바이올린이라는 눈에 띄고 멋진 자리가 있습니다.

물론 비범한 재능이 있는 아이, 체격 조건이 우수한 아이라면 그런 자리를 노려볼 만합니다. 하지만 **지극히 보통의 재능과 체격을 가진 아이라면 '틈새' 노리기로 목표를 바꿔야 성공할 확률이 올라갑니다.**

축구의 경우에는 디펜더(수비수), 오케스트라라면 콘트라베이스(contrabass, 바이올린족의 현악기 가운데 가장 낮은 음역의 악기)처럼 희망자가 비교적 적은 자리를 선택하는 편이 활약하기 쉽습니다. 일본 프로야구의 예를 들면, 스즈키 이치로(鈴木一朗) 선수는 투수나 4번 타자가 될 재능도 있었지만, 왼팔 스윙에 능한 데다 발이 빠르다는 강점을 살려 1번 우익수라는 자리를 잡았습니다.

또한, 세계에서 가장 가혹한 경기라고 일컬어지는 미식축구에서 큰 활약을 하고 있는 대런 스프롤즈(Darren Sproles) 선수는 신장 167 센티미터, 체중 86킬로그램으로 몸집이 꽤 작습니다. 대런 선수는 이 작은 체격을 최대한 살려 신장 2미터, 체중 140킬로그램 이상의 디펜스가 달려드는 상황에서도 자유자재로 빠져나갑니다.

체격이나 몸의 동작에 따라 적성은 달라집니다. 같은 운동이라도 아이에게 맞는 자리가 있는 것이지요. 하지만 아이들이 스스로 강점을 알아차릴 수는 없습니다. 처음에는 부모나 주위 사람들이 발견해 알려주는 것이 중요합니다.

아이가 자신의 강점을 의식하고 그 부분을 키우는 데 집중하면 빠르게 특기 수준으로 올라갑니다.

❤ 엄마 공부 포인트

'근거 있는 자신감' 키우기

- '계속'과 '경쟁'을 통해 근거 있는 자신감을 기른다.
- 공부만으로는 좌절에 약한 아이가 되므로, 공부 외의 과외활동에 참여하게 한다.
- 과외활동을 계속하게 하려면 아이가 잘할 수 있도록 지원한다.
- 아이의 특성에 따라 반드시 인기 있는 자리가 아닌 '틈새 노리기'도 효과적이다.

자신감을 '확신'으로 만들기

13세가 되면 서양에서는 틴에이저(teenager)라고 불리며 어엿이 한 사람의 어른이 되도록 자립을 도와줍니다.

이때는 인간관계의 폭을 넓히거나 강점을 키워서 자신감을 확신으로 만드는 것이 목표입니다.

이 시기는 호르몬 균형이 깨지는 때이므로 아이의 정서와 생활리듬이 불안정해지기 쉽습니다. 이 시기부터 동성의 부모가 지원해야 합니다. 여자아이는 엄마, 남자아이는 아빠의 지원이 필요합니다.

컴포트 존에서 벗어나라

편하다는 것은 성장이 멈춰 있다는 신호

컴포트 존(Comfort Zone)이라는 말을 아시나요? 이 말은 자신이 '있기에 편한 상태와 장소'를 말합니다. 마음을 터놓을 수 있는 친구가 있거나 안심할 수 있는 장소지요.

서양의 부모는 십대에게 종종 "있기 편한 장소에서 탈출하라(Get out of comfort zone)"고 말합니다. 마음 맞는 친구들과 보내는 것이 청춘이라고 생각하는 분도 있을지 모르지만, "이 친구들은 최고야", "여기는 아주 편해"라고 느낀다면 성장이 멈춰있다는 신호입니다. 그러니 지내기 편할 때는 주의하라라며 아이들에게 경고하는 것입니다.

운동을 예로 들면, 어떤 팀이든 잘하는 선수와 그렇지 못한 선수가 있습니다. 대부분의 경우에 팀 내 그룹은 잘하는 선수와 못하는 선수로 나뉩니다.

못하는 선수는 괴로운 마음과 열등감을 공유할 수 있는 친구들과 함께 있고 싶습니다. 거기에 있으면 자신이 뒤처진다는 느낌이 약해지거든요. 그리고 그 그룹에 있는 시간이 길어지면서 마음이 편해져 버리는 것입니다.

아이가 잘하는 그룹에 속해 있을 때도 마찬가지입니다. 아이는 상위그룹에 속해 있으면 편안합니다. 하지만 내가 최고인 상태보다는 자신보다 더 우수한 사람이 있는 수준 높은 환경에 도전해야 더 크게 성장할 수 있습니다.

사람은 일부러라도 불편한 곳으로 가야 지식과 기능을 향상시킬 수 있는 법입니다. 조금 어려운 환경, 지금보다 수준 높은 환경에 아이를 도전시켜 성장이 멈추지 않도록 하면 '근거 있는 자신감'을 더 강한 확신으로 바꿀 수 있습니다.

당장 아이가 시간을 많이 보내는 환경(친구)을 관찰해보세요. 그리고 성장이 멈추지 않도록 더 높은 수준의 환경을 제공하세요.

실력보다 '살짝 위'를 목표로 하라

아이를 새로운 환경에 도전시킬 때는 손이 닿는 범위여야 한다는 것이 핵심입니다. 아이의 실력보다 훨씬 높은 환경에 넣어버리면 자신감을 잃고 의욕을 상실할 수 있으니 주의하세요.

아이의 고등학교 입시, 대학 입시에도 컴포트 존을 고려합니다. 최고의 선택은 실력보다 조금 높은 수준의 학교입니다. 틀림없이 합격

할 수 있는 학교, 실력보다도 수준이 낮은 학교에 들어가면 입학 후에 큰 성장을 기대할 수 없습니다.

조금 위의 학교에 들어가면 주위의 학생들에게 많은 자극을 받습니다. "나도 지지 않도록 열심히 해야지" 하고 학업과 과외활동에 더 노력하게 되지요. 그래서 학창시절 내내 계속 성장할 수 있습니다.

"컴포트 존에서 탈출하라"고 말하기는 쉽지만 실천하려면 용기가 필요합니다. 사람은 누구나 편한 길, 달콤한 물을 고르고 싶은 법이니까요. 그러니 더욱 마음 편한 환경에서 밖으로 나올 때는 엄마가 등을 밀어줘야 합니다.

우선은 엄마가 "여름캠프에 참가해볼래?", "연극활동을 해보지 않겠니?", "봉사활동에 도전해볼래?", "어학연수를 가볼래?" 하고 제안해주세요.

혹시 아이가 싫다면서 반발할 수도 있는데요. 이때 "어디서 누구와 무엇을 하는지", "거기서 어떤 경험을 할 수 있는지", "그것이 장래에 얼마나 도움이 되는지"를 잘 설명한다면 대부분의 아이들은 '그럼 해볼까?'라는 생각을 갖게 됩니다.

육아는 결과주의가 아니라 노력주의로

아이가 환경의 변화를 꺼리는 것은 실패를 두려워하기 때문입니다. 특히 청소년은 자의식이 강하고 자존심이 세서 도전했다가 실패할까봐 걱정합니다.

아이가 실패를 두려워하는 것은 자연스러운 일입니다. 하지만 실패가 두려워서 도전하지 않으면 성장은 거기서 멈춰버립니다. 따라서 엄마가 결과에 관대한 태도를 보이는 것이 중요합니다. 결과보다도 노력하는 데 의의가 있다는 태도를 유지하세요.

실패해도 좋으니 도전을 계속하는 것, 마음 편한 곳에서 밖으로 나오는 것, 그런 태도를 익힌 아이는 목표를 향해 직진할 수 있게 됩니다.

이와 관련해 스탠퍼드대학의 캐롤 드웩(Carol Dweck) 교수는 한 가지 실험을 진행했습니다. 우선, 청소년 수백 명을 모아놓고 간단한 지능테스트를 했습니다. 그리고 테스트 후에 학생을 반으로 나누어 각각의 그룹에 서로 다른 칭찬을 해줍니다. 그 칭찬의 말에 따라 학생들의 행동이 어떻게 달라지는지를 살펴보는 실험입니다.

절반의 학생에게는 '지성'을 칭찬하는 말을 해줬습니다.

"아주 잘했어. 너는 머리가 좋구나."

나머지 학생들에게는 '노력'을 칭찬했습니다.

"아주 잘했어. 너는 열심히 노력했구나."

그런 다음에 같은 학생들에게 앞서 진행한 지능테스트보다 어려운 테스트와 간단한 테스트 두 종류를 제공하고 한 가지를 선택하도록 했습니다.

그러자 "머리가 좋구나!" 하고 '지성'을 칭찬받은 학생의 대부분이 간단한 테스트를 고른 반면, "열심히 했구나!"라며 '노력'을 칭찬받은 학생의 90퍼센트는 어려운 테스트를 선택했습니다.

'지성'을 칭찬받은 학생은 '자신을 똑똑하게 보이는 것'을 우선시하다 보니 실패를 두려워하게 됩니다. 반면에, '노력'을 칭찬받은 학생은 '도전을 계속하는 것'을 우선시하므로 용기를 갖고 도전하게 되지요.

이를 통해 노력을 칭찬하는 효과를 다시금 생각해볼 수 있습니다. 아이에게 결과보다 노력을 인정하는 자세를 잊지 마십시오.

장기 방학에는
여행을 가자

여름방학을 어떻게 보내느냐에 따라 아이의 장래가 좌우된다

컴포트 존에서 벗어나게 하는 것이 아이를 성장시킨다고 했습니다. 그렇다면 이런 도전을 언제 시키는 것이 좋을까요? 가장 좋은 때는 여름방학이나 겨울방학과 같은 장기 방학입니다.

서양의 청소년은 남자아이든 여자아이든 여름방학이 되면 여름캠프에 참여합니다(강제로라도 보내지요). 여름캠프란 전세계에서 모인 아이들이 대자연 속에서 몇 주 동안 집단생활을 하는 활동입니다. 엄마 곁을 떠나 자신이 해야 할 일을 모두 스스로 처리하는 경험은 아이의 자립을 촉구하고 '자신감'과 '책임감'을 키워줍니다.

여름캠프는 텔레비전도 게임도 휴대전화도 없는 환경에서 진행됩니다. 이 환경을 즐기려면 친구들과 카드놀이를 하거나 자연 속에서 놀고, 새로운 놀이를 궁리해서 만들어내야 합니다. 당연히 타인과

관계 맺기가 필요합니다.

여름캠프에 참여해 아이가 얻는 최대 혜택은 새로운 친구들과의 만남입니다. 각지에서 모인 또래들과 교류하며 새로운 가치관을 접하다 보면 자연스럽게 이것이 아이의 재산이 됩니다.

평소와는 다른 친구들과 함께하는 경험이 자신감을 키운다

여름캠프뿐만 아니라 운동이나 음악 등을 열심히 하는 청소년이라면 여름방학에 합숙 캠프에 참여하는 것도 좋습니다.

예를 들어, 축구 전문 캠프가 있을 수 있지요. 축구를 좀 한다고 하는 아이들과 공동으로 생활하면서 축구에 몰입합니다. 그러면서 아이는 자신의 수준이 어느 정도인지, 더 잘하려면 어떻게 해야 할지, 자신의 능력을 객관적으로 알 수 있습니다.

연극을 하는 아이라면 연극 전문 캠프에 참여하는 방법이 있습니다. 각지에서 모인 춤을 잘 추는 아이, 노래를 잘하는 아이, 연기가 뛰어난 아이들과 함께 하나의 무대를 만들어가는 경험은 아이가 가진 '강점'을 '확신'으로 만들어줍니다.

이것은 해외만의 사례가 아니며, 최근에는 국내에도 많은 여름캠프와 예체능 전문 캠프가 진행되고 있습니다.

엄마와 떨어지는 것, 평소와 다른 환경에서 새로운 친구들과 지내는 경험은 분명 아이를 한층 더 크게 성장시킵니다. 여자아이를 혼자 밖에 내놓기가 걱정되는 엄마라면 집에서 다닐 수 있는 범위에서 새로운 친구들과 교류할 수 있는 기회를 만들어주세요. 동네 봉사활동, 아르바이트, 학생회 일손 돕기 등 무엇이든 괜찮습니다. 학교 친구들과는 다른 그룹의 사람들(성별, 나이 등)과 교류하는 경험은 분명히 자신감을 키워줄 것입니다.

중학교부터 고등학교를 졸업할 때까지 여름방학은 딱 여섯 번밖에 없습니다. 아이의 강점을 최대로 끌어올리려면 어떻게 해야 할지, 입시나 장래의 꿈까지 고려해서 어떤 활동에 참여하면 좋을지 아이와 함께 계획을 세워보세요.

계속해서
'끝까지 해내는 힘'을 키우자

모든 일등의 공통적인 성공요인

초등학생 때부터는 '근거 있는 자신감'을 키우기 위해 과외활동을
시키라고 했습니다. 그리고 한번 시작한 활동은 중간에 그만두지 말
고 10년 동안 계속하게 하는 것이 중요하다고 말씀드렸지요.

'근거 있는 자신감'을 더 키워주는 것이 바로 '계속'이기 때문입니
다. "초등학교 1학년 때부터 고등학교를 졸업할 때까지 수영을 계
속했다"거나 "여섯 살 때부터 고등학교까지 13년 동안 피아노를 쳤
다"와 같이 노력을 계속해온 아이는 다른 일도 계속할 수 있는 강한
끈기를 가질 수 있습니다.

비즈니스, 학문, 운동, 음악, 예술, 모든 분야의 일등에게 "성공한
요인이 무엇이라고 생각하나요?"라고 물으면 돌아오는 답은 한결같
습니다.

"계속하는 것이요."

유명한 농구의 신 마이클 조던(Michael Jordan)은 고등학교 때 농구부의 대표팀 선발에 떨어진 적이 있습니다. 실망한 그는 농구를 그만두려고 생각했지요. 사실 마이클 조던은 야구 실력도 상당했기 때문에 야구로 진로를 바꿀까 생각했던 것입니다. 하지만 그의 어머니가 만류했습니다.

"더 연습해서 실력을 키워보자! 그래서 코치에게 사람 보는 눈이 없었다는 것을 알려줘야 하지 않겠니!"

어머니의 설득에, 마이클 조던은 2군 팀에 들어가 농구를 계속했습니다. 그렇게 팀원들 중 누구보다도 열심히 연습에 매진했고, 상대가 아무리 약한 팀이라도 방심하지 않고 늘 집중해서 경기에 임했습니다. 결국 좌절을 이겨낸 덕분에 역사에 이름이 길이 남을 명선수가 된 것입니다.

마이클 조던은 훗날 "한 번 그만두면 그만두는 것이 습관이 된다. 그래서 절대로 그만두면 안 된다"는 말을 남겼습니다. 절대 포기하지 않는 것, 해야 할 일을 꾸준히 계속하는 것, 벽에 부딪히면 다른 방법으로 계속하는 것, 그래도 안 된다면 다시 방법을 바꿔 계속하는 것, 이렇게 끝까지 해내는 습관을 형성하는 것은 어린 시절을 어떻게 보내느냐가 매우 중요합니다.

포기하는 습관의 세 가지 원인과 해결방법

공부, 인간관계, 과외활동 등 무엇 하나 제대로 해내지 못하는 아이는 "못하겠어!" 하고 금방 포기하는 특징이 있습니다. 그렇게 포기하는 습관의 원인과 대책을 알아봅시다.

① 자신감 부족 ➜ 간섭하지 말고 지켜봐주기

② 성공체험 부족 ➜ 아이의 의사대로 선택하게 하기

③ 루틴(routine, 반복하는 일) 결여 ➜ 하루하루 반복을 중시하고 생활습관을 개선하기

①과 ②는 이미 소개했으니, 여기서는 ③ 루틴에 대해 알아보겠습니다. 루틴이란 같은 일의 반복을 말합니다. 이것을 아이에게 각인시키려면 무엇보다도 생활리듬의 개선이 중요합니다.

포기하는 습관이 있는 아이는 생활리듬이 흐트러진 경우가 많습니다. 생활이 흐트러지면 반드시 아이의 정신이 불안정해집니다. 그결과 어떤 일에도 집중하지 못하지요.

취침시간, 기상시간, 식사시간, 숙제하는 시간, 노는 시간, 운동하는 시간을 가급적 일정하게 해 생활리듬을 안정시키세요. 엄마가 루틴을 의식해서 실행하기만 해도 아이는 모든 일에 훨씬 집중력을 발휘하게 됩니다.

하루하루의 사소함이 쌓여 커다란 자신감을 만든다

일본인 최초로 테니스 단식과 복식에서 동시 세계 톱 10에 진입한 전 테니스 선수 스기야마 아이(杉山愛)는 현역시절에 꾸준히 실천하는 루틴이 매일 33종류나 됐다고 합니다.

신장 163센티미터, 체중 55킬로그램의 체격이 여자 테니스계에서는 결코 축복받았다고는 할 수 없지요. 그런 스기야마 아이 선수가 투어 중에 부상이나 질병으로 인한 이탈 없이 17년 동안 세계 최고의 경기를 펼친 것은 호흡법, 식단, 웜업, 스트레칭, 쿨다운, 마사지 등 매일매일 반복적인 일을 해왔기 때문입니다.

고교 입시, 대학 입시, 취직, 결혼, 이직, 독립 등 우리는 수없이 많은 중요한 선택을 하며 성장합니다. 많은 사람들은 그때의 선택으로 인생이 결정된다고 생각하지만, 정말로 인생을 결정짓는 것은 매일의 사소한 반복입니다.

아이의 경우에는 무엇을 하든지 10년은 하게 해야 합니다. 무언가 하나를 꾸준히 10년 동안 계속할 수 있다면 아이는 큰 자신감을 얻을 것입니다. 성공을 하느냐 못하느냐, 승리하느냐 패배하느냐, 1등이 되느냐가 중요한 것이 아니라 '노력을 계속하느냐 포기하느냐'가 중요한 것입니다.

자녀가 "과외활동을 그만두고 싶다", "학원을 그만 다니고 싶다"고 해도 쉽게 그만두게 하지 마세요. 엄마는 계속하는 것의 중요성을 알려주고 자녀를 응원해야 합니다.

남자아이는 추켜세우고, 여자아이는 본을 보여라

남자아이와 여자아이의 동기 부여에서 차이점

자신감을 키울 때 자녀가 아들인지 딸인지에 따라 접근방식을 바꾸면 성장이 달라집니다. 여기서는 남자아이와 여자아이에 대한 접근방식의 차이를 알아보겠습니다.

우선 **남자아이는 '추켜세우며 키우기'가 기본입니다.** 어린 아이부터 어른까지 남성을 움직이는 규칙은 이것이 가장 효과적입니다. 남자아이는 "잘했구나", "열심히 했네", "든든하다", "멋있다"라고 칭찬을 하고 추켜세우면 기분이 좋아져서 의욕적으로 행동합니다. 많은 엄마들이 아들을 키우며 힘들어하는 이유는 여자아이를 대하듯이 남자아이를 키우려고 하기 때문입니다.

반면에 **여자아이는 부모 중에서 특히 '엄마가 본을 보이거나 규칙을 제시해주기'가 기본입니다.** 여자아이는 남자아이보다 인간에 대한 관심이 많고 사람을 관찰하는 힘이 뛰어납니다. 아이가 처음 만나는 타인은 다름 아닌 엄마입니다. 즉 엄마가 아이와 신뢰관계를 만들고 인생의 선배로서 행동, 예의범절, 의사소통의 모범을 보여주면 그대로 따라 합니다. 엄마가 늘 미소를 짓고 밝게 예의바른 모습을 보이면 아이도 그대로 자라는 것이지요.

여자아이는 규칙, 집단의 조화를 이루는 약속을 지키려는 경향이 있으므로 '본을 보여주기 → 따라하게 하기 → 노력을 칭찬하기'를 반복하면 예의, 공부, 취미활동 등 모든 면에서 점차 성장해갑니다.

상식과 규칙을 깨는 것이 남자아이의 일

반면에 남자아이는 규칙을 가르치기가 힘듭니다. 여자아이를 대하듯이 엄마가 본을 보이면, 남자아이는 따라하기는커녕 일부러 반대로 행동하기도 합니다. 남자아이는 틀에 끼워 맞추는 것, 명령 당하는 것, 참견하는 것을 싫어합니다. '스스로 시도해보고 싶어', '남들과 다르게 해보고 싶어'라는 욕구가 여자아이보다 몇 배나 강하거든요. 이걸 모르고 많은 엄마들이 "이렇게 해라", "저렇게 해라"고 명령으로 움직이려 하지만 남자아이에게는 통하지 않습니다.

남자아이를 움직이려면 '엄마에게 칭찬받고 싶다'는 심리를 이용해야 합니다. "엄마를 도와줄래?", "엄마를 지켜줄래?"라며 부탁해보세요. 아이를 의지하면 칭찬할 일도 늘어납니다.

엄마가 "○○는 든든하고 멋지네"라고 말하면 남자아이는 더 열심히 하려고 합니다. 또 남자아이는 여자아이보다도 경쟁심이 강하다는 특징이 있습니다. 이 심리도 잘 이용하면 아이의 행동을 조절하기 쉽습니다. "○○해!"가 아니라 "엄마(아빠)랑 경쟁하자!"라고 하면 대부분의 남자아이는 응합니다. 정리도 청소도 공부나 운동도 아이의 경쟁심을 자극해보세요.

그런데 남자아이에게는 자존심에 상처 주는 말, 남과 비교하는 말, 깎아내리는 말 등은 금물입니다. 남들 앞에서 심하게 꾸짖거나 잘 못한다고 깎아내리거나 형제자매와 비교하며 "누나는 잘하는데 너는 왜 못해"라고 말해서는 절대 안 됩니다.

남자아이는 자존심에 상처를 입으면 삐뚤어져버리는 유리 심장을 가지고 있습니다. '남자아이는 추켜세우며 키운다'는 원칙을 지키면 엄마를 위해 열심히 하는 사랑스러운 청년으로 자랄 겁니다. 이것은 어른도 마찬가지이므로 남편에게도 똑같이 해보세요. 부부관계가 원만해지고 육아에도 적극적으로 참여하게 될 테니까요.

♥ 엄마 공부 포인트

자신감을 확신으로 만들기

- 컴포트 존(익숙함)에서 벗어나 새로운 자극을 부여한다.
- 결과보다 노력을 칭찬하는 부모의 자세가 중요하다.
- 특기에 매진해 강점을 확신으로 만든다.
- 끝까지 해내면 진정한 자신감이 생긴다.

제5장

스스로 생각하는 아이 만들기

긍정의 힘을 높여주는 '사고력'

'말의 힘' 키우기

사고력이 있는 아이는 매사를 깊이 생각하고 판단하며, 자신의 강점이 무엇인지, 무엇을 좋아하는지, 앞으로 어떻게 살고 싶은지 등 자신의 의견을 표현할 수 있습니다.

사고력의 토대가 되는 것은 '말의 힘'입니다. 말을 다루는 능력이 약하면 생각도 그 정도밖에는 자라지 않습니다. 유아기에 아이의 말을 키우는 책임자는 아이와 많은 시간을 보내는 엄마입니다. 엄마의 노력에 따라 아이가 가지게 되는 '말의 힘'은 큰 차이가 생깁니다.

아이의 두뇌는 6세까지 90퍼센트가 완성된다

말이 적은 환경에서는 말에 대한 반응이 떨어진다

아이에게 '말의 힘'을 키우려면 태어나서 6세까지의 가정환경이 중요합니다. 이 시기는 아이가 말을 습득하는 최적기이므로 좋은 환경이 갖춰지면 2개 국어든 3개 국어든 아무 어려움 없이 익힐 수 있습니다. 반면에 유소아기에 언어 입력이 부족하면 '말의 힘'이 형성되지 못하고, 사고력이 약한 아이로 자랍니다.

세상에 처음 태어난 아기의 일은 환경에 적응하는 것입니다. 아기의 주위에 '말'이라는 자극이 적으면 두뇌는 '말은 살아가는 데 필요하지 않는 것'이라고 인식해서, 말에 별로 반응하지 않는 방향으로 자랍니다.

두뇌의 배선공사는 6세까지 90퍼센트가 완성된다고 하니, 이 시기에 생생한 언어적 자극을 많이 주는 것이 중요합니다. 부모나 주위 사람들이 아이를 돌보거나 놀이를 하면서 말을 많이 걸면 말에 잘 반응하는 두뇌가 형성됩니다.

손이 안 가는 순한 아기는 주의가 필요

손이 안 가는 아기라는 말은 칭찬이지만, 아기가 얌전해서 편하다고 좋아할 일만은 아닙니다. 손이 안 가는 아기일수록 언어발달이 느릴 위험이 있으므로, 아기가 눈을 뜨고 있는 동안에는 되도록 말을 걸어주고 소통을 해야 합니다.

특히 엄마와 아기가 늘 집에서 둘만 지내며 하루 종일 텔레비전을 켜두는 환경은 주의가 필요합니다. 안타깝게도 아기의 언어는 기계음으로 키워지지 않습니다. 아이가 말을 처음 배울 때는 '신뢰할 수 있는 상대와의 상호작용'이 필요합니다.

아기에게 가장 믿을 수 있는 상대는 바로 엄마입니다. 그 증거로 아기는 태어난 직후부터 엄마의 말과 다른 사람의 말을 구분합니다. 엄마가 "귀여운 ○○야, 잘 잤니?" 하고 말을 걸면 아기는 엄마의 얼굴을 가만히 바라보며 "아우우 아우우" 하고 대답합니다. 엄마가 "배고프지? 이제 쭈쭈 먹자"고 말하면 아기는 손발을 파닥이며 좋아합니다. 이것이 바로 신뢰할 수 있는 상대방과의 상호작용입니다.

말뿐만 아니라 표정과 행동을 통해 서로 의사를 전달하는 것, 아이가 말을 처음 배울 때는 이 과정이 필요합니다.

엄마가 자연스레 기분을 전달하는 것이 중요

아기에게 무슨 이야기를 해야 할지 모를 경우에는 실황중계를 하십시오. 엄마가 하고 있는 일이나 생각하는 것, 아이가 하는 행동을 말로 중계하는 것입니다. "엄마는 양상추를 자르고 있어요", "양상추를 담고 샐러드를 만들어요", "○○는 배가 많이 고픈가요?", "○○가 웃으면 엄마도 기분이 좋아" 이런 식으로 아이에게 하는 말은 가장 자연스럽게 기분을 전달할 수 있는 말이면 됩니다.

다만 영어를 잘하는 아이로 키우고 싶다고 해서 영어로 말 걸기는 추천하지 않습니다. 서툰 언어로 단조로운 말만 하면 아이의 언어능력은 자라지 않습니다. 반면에 사투리는 괜찮습니다. 표준어보다도 사투리가 기분을 전달하기 쉽다면 사투리로 이야기하세요.

교토대학의 마사타카 노부오(正高信男) 교수는 한 가지 실험을 했습니다. 엄마가 아이에게 말을 걸 때 특징적으로 나타나는 보통보다 억양이 높고 과장된 말('엄마언어'라고 칭함)로 천천히 그림책을 읽어준 경우와 그렇지 않은 경우에 대한 아기의 반응을 알아보는 것입니다. 그 결과 엄마언어로 그림책을 읽으면 아기는 보통으로 읽었을 때보다 두 배나 주목하며 정서적인 반응을 더 많이 보이는 것으로 나타났습니다. 엄마언어는 의식적으로 만드는 것이 아니라 아기와 교류할 때 자연스레 입에서 나오는 말입니다. 아이의 정서를 안정시키고 말의 힘을 키우기 위해서는 엄마의 말 걸기가 중요합니다.

아이에게 영어를 가르치기 좋은 시기와 방법

그렇다면 아이에게 영어를 가르치고 싶은 경우에는 어떻게 하면 될까요?

상하이 등의 국제도시에서는 이미 아기 때부터 영어교육을 실시하는 가정이 많아졌습니다. 그러자 모국어로 키우는 것이 우선이라며, 모국어가 서툰 유아에게 영어교육을 하면 모국어도 영어도 제대로 배울 수 없다고 주장하는 사람들과 논쟁이 생겼습니다.

결론부터 말하면, 국내에서 키우는 경우에는 영어(제2언어)를 빨리 배우게 해도 모국어를 제대로 할 수 있습니다.

필자는 자식들을 포함해 아시아의 아이들이 말을 배우는 과정을 지켜봤습니다. 모국어가 강한 아이, 영어가 강한 아이, 둘 다 잘하는 아이, 둘 다 어중간한 아이 등 각양각색입니다.

여기서 문제가 되는 것은 모국어도 영어도 어중간한 '세미링구얼(semilingual, 한 가지라도 완벽한 언어를 구사하지 못하고 외국어 문법을 섞어 사용)'이라고 불리는 현상입니다. 0~6세 아이가 영어권에서 장기간 지내면서 점차 모국어가 이상해지고 영어도 원어민에 비해 잘 못하는 일이 벌어지는 것입니다. 이것은 아이가 언어를 익혀야 하는 단계에 모국어를 충분히 습득하지 못한 상태로 외국어 환경에 노출되면서 발생합니다.

이처럼 해외생활을 하면 세미링구얼이 될 위험성은 크지만, 모국에서 유아에게 영어교육을 한다고 해서 아이의 모국어가 이상해지는 일은 거의 없습니다. 아이의 환경에는 모국어가 넘쳐나므로 일주일에 몇 시간 정도 영어를 접한다고 해서 모국어 발달에 나쁜 영향은 주지 않습니다.

아이의 영어실력을 키우고 싶다면 원어민의 음성을 활용하세요. **제1언어(모어)의 발달에는 신뢰할 수 있는 사람과의 상호작용이 필요하지만, 제2언어는 기계음으로도 능력을 충분히 키울 수 있습니다.**

마더 구스(mother goose, 영국와 미국 민간에서 전해져오는 동요)나 너서리 라임(nursery rhyme)이라 불리는 영어동요, 할로윈이나 크리스마스 등의 계절동요, 아동을 대상으로 한 영어 그림책, 텔레비전의 아동용 영어프로그램의 음성을 틀어놓으면 영어를 듣는 귀가 뚫립니다.

영유아기에 영어를 듣는 귀가 뚫리면 초등학교 이후에 본격적으로 영어학습을 시작했을 때 남들보다 습득이 빠르며 발음이 원어민에 가까워지는 긍정적인 효과가 있습니다.

영어를 들려줄 때의 핵심은 배경음악 정도의 작은 음량으로 같은 내용을 몇 번이고 반복해서 들려주는 것입니다. 차로 이동할 때, 놀고 있을 때, 식사할 때 등 시간을 정해두고 영어 소리를 많이 입력해주세요.

엄마 공부 13

그림책을 통해
책을 좋아하는 아이로 키우기

6세까지 읽어준 책이 상상력을 키운다

아이의 사고력을 키워주는 최고의 재료는 책입니다. 6세까지 책을 좋아하는 아이로 키우면 아이의 언어교육은 거의 성공했다고 볼 수 있어요.

아이는 독서를 통해 어휘를 늘리고 지식을 늘리며 이해력을 심화시키고 사고력을 키워갈 수 있습니다. 아이가 책을 좋아하도록 키우기 위해 중요한 활동이 바로 그림책 읽어주기입니다.

엄마가 그림책을 읽어주면 아이는 상상의 나래를 펼칩니다. 스토리를 머릿속에서 구현하며 영화를 보는 것처럼 이미지의 세계를 즐기게 되지요. 이런 이미지화 훈련이 부족하면 독해력이 약한 아이가 됩니다. 책을 싫어하는 아이들이 말하는 공통된 이유는 '재미가 없다', '머리에 잘 들어오지 않는다'는 것입니다. 아이가 책을 즐기지 못하는 이유는 활자를 이미지화하는 힘이 부족해서 이야기가 이해되지 않거나 감정이입이 되지 않아 책의 세계로 빠져들지 못하기 때문입니다.

특히 현대사회는 아이 주위에 영상미디어가 범람하고 있습니다. 상상력을 키우기 전에 영상미디어에 익숙해지면 상상력을 사용해 무언가를 생각하는 것이 귀찮아지는 법입니다. 아이에게서 영상미디어를 완전히 떼어놓기는 어려우므로 영상에 지지 않을 만큼 엄마가 책 읽어주기를 열심히 하는 것이 중요하겠지요.

그렇다면 몇 살부터 책을 읽어주면 좋을까요?

0세부터 시작하세요. 너무 이르다고 생각하지 말고 아기에게 그림책을 읽어주십시오. 처음에 읽어주는 그림책은 다양한 색의 그림과 말의 리듬을 즐길 수 있는 것으로 고르면 됩니다.

아이 전용 책장을 갖추고 스스로 그림책을 고르게 하자

한 살이 넘으면 아이 전용의 책장을 만들고 아이가 좋아하는 그림책을 꽂아두세요. 곧장 스스로 책을 꺼내 와서 "읽어주세요"라며 졸라댈 것입니다.

아이는 같은 그림책을 몇 번이고 읽어달라고 가져오는데 "다른 책을 읽자"는 말은 하지 말고, 몇 번이고 반복해서 읽어주세요.

마음에 드는 그림책을 찾는 것이 아이가 책을 좋아하게 만드는 첫걸음입니다. 반복해서 같은 그림책을 읽으면 아이는 내용을 외워버립니다. 그리고 자신이 좋아하는 페이지나 대사를 마음에 담아두지요.

이런 경험을 많이 하면 언어능력은 물론이고 기억력, 이미지화하는 능력, 이해력도 고도로 발달시킬 수 있습니다.

졸릴 때가 책 읽어주기에 가장 좋은 시간

책을 읽어주면 아이가 도망을 가버리는 경우가 있습니다. 책을 읽어주는 타이밍에도 주의를 기울여주세요. 아이의 정서는 밝고 기운찰 때와 어둡게 가라앉을 때가 번갈아가며 파도처럼 변화합니다.

책을 읽어주는 가장 좋은 시간은 활기가 가라앉기 시작할 때입니다. 활발하게 놀고 싶을 때 "그림책 읽자"고 해봐야 아이는 도망가기 바쁩니다(특히 남자아이는 그런 경향이 강하지요).

아이의 정서가 차분해졌을 때, 정서의 리듬이 천천히 내려왔을 때, 잠들기 전이나 낮잠을 자기 전에 시간을 봐서 책을 읽어주면 잘 듣습니다. 물론 아이가 읽어달라며 책을 가지고 왔을 때는 절호의 기회이니 나중으로 미루지 말고 꼭 읽어주세요.

세 살부터는 질문하면서 책 읽어주기

3~6세 아이는 말을 조작하는 능력이 매우 발달하는데 이와 동시에 사고력도 쑥쑥 자랍니다. 이 시기의 아이에게는 그림책을 읽으면서 질문을 해 '생각하는 힘'을 키워주세요. 엄마가 질문을 계속하면 아이는 깊이 생각하는 습관을 가질 수 있습니다.

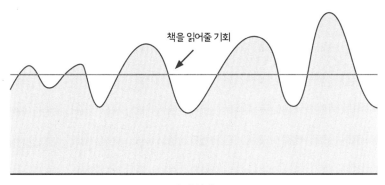

· 정서의 리듬 ·

활기·활발

책을 읽어줄 기회

가라앉음

"엄마는 멜론빵맨이 좋은데 ○○는 누가 좋아?" 하고 물으면 "호빵맨이 좋아요!"라고 대답합니다. 그러면 곧장 "어째서 호빵맨이 좋아?"라고 물으세요. 그러면 아이는 "착하니까", "힘이 세서" 등의 이유를 생각합니다.

물론 끈질기게 묻지는 말아야 합니다. "재미있었니?", "어느 부분이 재미있었어?", "누가 마음에 들었어?" 하고 일방적으로 물으면 아이는 대답하고 싶은 마음이 사라집니다. "엄마는 이 부분이 재미있는데, ○○는 어디가 재미있었어?"라는 식으로 "나는 이런데" 하고 말하면서 질문하세요.

아이의 언어능력 발달에 맞춰 읽어주는 책도 이야기 구조가 강한 것으로 바꾸면 됩니다. 전래동화와 같은 옛날이야기는 전통문화와 풍습을 배울 수 있는 훌륭한 교재입니다. 그리고《개미와 베짱이》《토끼와 거북이》등의 이솝우화,《빨간 망토》《백설공주》등의 그림동화,《벌거벗은 임금님》《성냥팔이 소녀》등의 안데르센 동화는 다른 문화를 이해시키고 지식을 키워줍니다.

책을 읽어주면서 키운 언어능력은 아이가 초등학교에 들어가고 교과학습을 시작할 때 학습활동을 뒷받침하는 큰 힘이 됩니다.

엄마 공부 14

6세까지는 글자를 가르치고 독해력을 키우자

초등학교에 입학할 때의 독해력이 공부에 대한 태도를 결정한다

아이를 키울 때 고민 중 하나가 글자를 가르치기에 적합한 시기입니다. 글자는 아이가 초등학교 1학년이 되기 전에 책을 읽을 수 있도록 가르치면 됩니다. 아이가 스트레스 없이 책을 읽을 수 있으려면 최소한 1년은 걸리므로, 늦어도 5세부터는 글자교육을 시작하는 것이 좋겠지요.

초등학교 1학년은 아이가 인생에서 처음으로 학교 선생님에게 공부를 잘한다거나 못한다는 평가를 받는 시기이며, 자신이 공부를 잘하고 못하고를 객관적인 비교를 통해 알게 되는 때입니다.

"교과서 읽을 줄 아는 사람?"이라는 선생님의 질문에 바로 손을 들 수 있는 아이는 '나는 공부를 잘할 수 있다'는 자신감과 긍지를 갖게 되며, 공부에 적극적인 태도를 가질 수 있습니다.

집에 있을 때는 아이 스스로 '나는 공부를 잘할 수 있다'고 생각하지 않으며, 공부에 대한 자신감도 크지 않습니다. 하지만 초등학교에 다니기 시작하면 "공부 잘하는구나!", "머리가 좋구나"라며 선생님과 주위 사람들에게 자주 칭찬을 받습니다.

"책을 읽을 줄 아는 건 굉장한 일이구나!"

아이는 그때 비로소 실감합니다. '나는 공부를 잘한다'는 자신감을 가지면 자발적으로 공부를 하게 됩니다. 공부를 잘한다는 긍지가 있는데 이제 와서 공부 못하는 아이가 될 수는 없으니까요. 그래서 남들보다 더 열심히 노력하게 됩니다.

초등학교 1학년이 될 때까지 책을 좋아하는 아이가 되도록 키우면 '나는 공부를 잘한다 → 질 수 없으니 열심히 해야지 → 더 잘하게 된다'는 긍정적 연쇄작용이 일어납니다. 반대로 교과서를 봐도 무슨 내용인지 알지 못하는 아이는 '나는 공부를 잘 못해'라며 열등의식을 갖게 되므로 주의해야 합니다.

글자를 가르치기 시작할 때는 환경을 배려하라

글자를 가르치기 시작하는 최적의 시기는 아이가 그림책에 흥미를 보일 때입니다. 일반적으로는 3~4세 무렵이지요. 이 시기의 아이에게 글자를 가르칠 때는 놀이가 돼야 합니다. 절대로 공부나 교육이 되지 않도록 주의하십시오. 글자를 가르칠 때는 가정 내의 글자 환경 조성이 중요합니다.

0~6세의 아이는 주위의 정보를 무엇이든 흡수하는 뛰어난 능력 (환경 적응력)을 가지고 있습니다. 그러니 한글 차트, 알파벳 차트를 아이의 눈높이에 붙이세요. 또 글자블록, 글자카드, 글자자석 등 문자와 관련된 장난감을 준비합니다.

아이의 물건에는 이름을 적어 주세요. 그리고 집안의 사물에도 이름을 써서 카드를 붙이세요. 냉장고에는 냉장고, 벽에는 벽, 바닥에는 바닥, 의자에는 의자라고 그대로 쓰면 됩니다. 이렇게 하면 글자를 익힐 수 있는 환경이 만들어집니다.

글자 읽기 지도는 게임처럼 놀면서 하는 것이 기본

한글 차트의 글자 '가나다'를 손가락으로 가리키면서 한 글자씩 읽어줍니다. "이건 '가'야"라고 알려주지 말고 하나하나 글자를 가리키며 "가", "나", "다" 하고 분명하게 발음하며 들려주세요.

글자카드를 펼쳐놓고 아이의 이름을 만들어 읽는 연습을 합니다. 가족 전원의 이름을 읽을 수 있도록 알려주세요. 또는 카드 뺏기 게임을 하며 놉니다. 한글카드를 펼쳐놓고 엄마가 "가"라고 하면 아이가 '가' 글자카드를 집어가게 하고, "나"라고 하며 '나' 글자카드를 집어가게 하세요. 이렇게 상호작용을 하면서 놀이로 글자와 친해지는 것이 중요합니다.

자음과 모음으로 이루어진 글자(가나다…)를 익힌 후에는 '개', '집', '공', '문' 등 한 글자로 된 말을 읽을 수 있도록 가르칩니다. 글자카드나 글자블록을 사용해 연습하세요.

아이에게 글자를 가르칠 때는 절대로 강요하면 안 됩니다. 카드 뺏기나 말놀이를 통해 서로 재미있게 배워야 합니다. 글자를 배우는 시간이 엄마와 노는 즐거운 시간이라고 느끼는 상태가 가장 좋습니다.

짧은 그림책을 많이 읽히자

자음과 모음으로 이루어진 글자를 외웠다면 아이는 간단한 책을 읽을 수 있습니다. 그렇게 되면 짧은 글로 된 그림책(한 쪽에 한두 줄 분량의 글이 있는 정도) 읽는 연습을 시킵니다.

물론 처음에는 잘 읽지 못하고 한 쪽을 읽는 데도 시간이 많이 걸리지요. 그래도 반드시 아이가 다 읽을 때까지 옆에서 들어주세요. 그리고 책을 다 읽은 아이에게 "잘 읽었네. 또 엄마한테 이야기를 들려주면 좋겠다"라고 말해주세요. 아이는 눈을 반짝이며 자랑스러운 표정을 지을 것입니다.

아이가 혼자서 스트레스 없이 술술 책을 읽도록 이끈다면 분명히 책을 좋아하는 아이가 될 것입니다. 서두르지 말고 시간을 들여서 아이를 격려해주세요.

아이가 스스로 처음 읽는 책은 0~3세 무렵에 엄마가 읽어줬던 책, 아기 때 좋아했던 책이 좋습니다. 스토리나 그림이 기억에 남아 있으니 더 친근하게 느껴지지요. 또 글자 수가 적어서 처음 읽는 책으로 적합합니다. 절대로 처음부터 너무 어려운 책을 주지 마세요. 아이가 책을 멀리하게 됩니다.

　그리고 아이가 혼자서 책을 읽을 수 있게 된 후로도 엄마의 책 읽어주기는 계속돼야 합니다. 글을 읽을 수 있어도 아직 내용을 충분히 이해하지는 못하거든요. 이때 같은 책을 엄마가 읽어주면 스토리의 세계에 빠져들 수 있고 이해가 심화됩니다. 책 읽어주기는 초등학교 2~3학년까지 계속하면 됩니다.

Q 엄마 공부 포인트

말의 힘 굳건히 하기

- 언어능력은 6세까지 크게 자라며, 특히 유아기에는 엄마의 말 걸기가 중요하다.
- 그림책 읽어주기는 0세부터 시작하며, 3세부터는 질문하면서 읽어준다. (책을 싫어하지 않도록 읽어주는 장르와 난이도에 주의한다.)
- 3~4세부터는 (놀이처럼) 글자를 가르친다.
- 아이가 스스로 책을 읽을 수 있게 된 후로도 계속 책을 읽어준다.

'스스로 생각하는 힘' 키우기

초등학교 시절은 '스스로 생각하는 힘' 키우기에 좋은 시기입니다. 아이와 대화할 때 독서나 신문을 통해 지식을 넓혀가면서 "왜?", "정말?"이라는 질문을 늘려보세요. 아이가 상식이나 다른 사람의 의견에 휩쓸리지 않고 '스스로 생각하는 습관'을 갖게 됩니다.

이 단계에는 엄마와 더불어 사회에서 다양한 경험을 쌓고 있는 아빠의 협력이 필요합니다.

독서의 장르를 넓히고
자기 의견을 갖게 하자

9세까지는 다독여서 독서력을 강화시켜라

서양의 초등학교에서는 초등학교 1학년이 되면 매일 30분씩 독서를 하게 의무화돼 있습니다. 독서 활동은 초등학교 시절 내내 이어지며 연간 100권 이상, 졸업할 때까지 1,000권 이상의 책을 독파하는 아이도 적지 않습니다.

왜냐하면 9세가 독서력을 갖추는 임계기(특정 자극에 대한 감수성이 높은 시기)라고 여기기 때문입니다. 9세까지 충분한 독서력을 갖추지 못하면 구체적인 사고에서 추상적인 사고로, 직접체험에서 간접체험으로 이행하는 수업내용을 따라가지 못합니다. 특히 독서력이 배양되는 초등학교 저학년 시기에는 적어도 한 달에 4~5권의 책을 읽도록 아이를 격려하고 이끌어야 합니다.

독서라고 하면 문학작품을 읽는 것이라고 생각하는 사람이 많지만, **아이에게 처음 읽히는 책은 아이의 독서 수준과 흥미에 맞는 것이어야 합니다.** 처음에는 그림이 많은 책부터 시작해 서서히 글자만 있는 책으로 옮겨가도록 하세요.

그림책에서 글자만 있는 책으로 이행할 때는 그림책과 활자책의 중간인 책이 가장 적합합니다. 챕터 북은 그림보다 글자가 많은 형태로 편집한 작품입니다. 그 밖에도 어린이문고라 불리는 초등학생 대상의 삽화가 많은 책도 있으니 잘 활용해보세요. 아이가 읽는 책을 고를 때는 재미와 일상성, 친밀성을 고려합니다.

초등학생인 아이는 스스로 책을 잘 고르지 못합니다. 엄마와 자녀가 함께 도서관에 가서 아이의 수준과 흥미에 맞는 책을 찾아보세요. 초등학교 저학년은 무조건 많은 책을 읽혀 글자에 대한 거부감을 없애는 것에 중점을 두면 됩니다.

10세부터는 논픽션으로 독서의 폭을 넓혀라

초등학교 고학년부터는 독서의 중심이 내용을 더 깊이 이해시키는 쪽으로 이동합니다. 읽어주는 책도 판타지나 픽션(지어낸 이야기)에서 자서전, 위인전, 역사, 정치, 사회문제 등 논픽션(사실에 근거한 이야기)으로 이끌어주세요. 물론 아이는 자신이 좋아하는 시리즈나 작가의 책을 읽으려 할 테니, 그것은 계속 읽게 해주면 됩니다.

책과 병행해서 신문기사(처음에는 어린이신문이라도 좋아요)를 하나씩 아이와 함께 읽기를 추천합니다. 스포츠, 정치, 경제, 환경, 국제문제, 장르는 무엇이라도 좋으니 아이가 흥미를 가질 만한 기사를 하나 찾아서 함께 읽는 것을 일과로 삼으세요. 그리고 읽은 내용에 대해 아이와 의견을 교환해봅시다.

'저출산, 고령화 사회'라는 기사에 대해 아이가 어떻게 생각하는지, 고령화 사회의 문제점은 무엇인지, 어떻게 하면 문제를 해결할 수 있는지에 대해 아이의 생각을 존중하며 의견을 나누는 것입니다.

아이와 의견을 교환할 때는 무턱대고 부정해서는 안 됩니다. 엉뚱한 의견이라도 아이의 생각을 존중해주세요. 배경지식이 부족할 때는 인터넷으로 알아보는 방법(검색방법이나 정보의 신뢰성을 의심하는 방법)을 가르쳐주세요. 아이는 인터넷으로 정보수집하는 노하우를 배울 수 있습니다.

사고력은 다른 사람과 의견을 교환하면 효과적으로 키울 수 있다는 것을 알려주세요. 아이는 자기 나름의 의견을 가지고 있습니다. 하지만 그 생각을 다른 사람에게 전달할 기회가 없으면 자신의 생각에 대해 객관적으로 바라볼 수 없습니다. 다소 부족하더라도 아이가 자신의 생각을 말할 기회를 늘려줍니다.

초등학생용 '토론 주제' 사례

- 신은 존재하는가?
- 우주인은 존재하는가?
- 초등학생에게 스마트폰이 필요한가?
- 폭력적인 게임은 범죄를 유발하는가?
- 학생이 교실 청소를 해야 하는가?
- 남자와 여자 중 누가 더 장점이 많은가?
- 어른과 아이 중 누가 더 장점이 많은가?
- 돈과 사랑 중에서 무엇이 더 소중한가?
- 운동회에서 모두가 동시에 골인하는 것에 찬성하는가, 반대하는가?

산수는 선행 학습을 목표로 하자

노력하면 잘할 수 있는 산수

산수는 논리적 사고력을 키우는 과목입니다. 배경지식을 필요로 하지 않는 과목이라서 가르치기에 따라 얼마든지 앞서 갈 수 있습니다.

그래서 초등학교를 졸업할 때까지는 '3학년 위의 수준'을 목표로 해야 합니다. 즉, 초등학교 6학년이 중학교 3학년 수준의 산수능력을 목표로 한다는 생각을 갖고 있어야 합니다.

3학년이나 선행하라고 하면 불가능하다고 여길 수도 있으나 상하이, 홍콩, 싱가포르의 아이들은 국제 평균보다 3학년을 앞서가고 있습니다. 이것은 특별한 능력을 가진 아이들이 아닌 지극히 보통의 아이들이 해내는 일입니다. 산수에서 선행 학습이 이루어져야 하는 이유가 있습니다. 다른 교과는 지식, 지혜, 경험을 요구하지만, 산수는 아이의 노력만으로도 잘할 수 있기 때문입니다.

계산 문제집을 풀게 해 숫자에 대한 거부감을 없애라

구체적인 방법은 가정에서 계산 문제집을 푸는 일과를 만들면 됩니다. 계산은 연습하면 할수록 잘하게 됩니다. 사칙연산(더하기, 빼기, 곱하기, 나누기) 정도는 엄마가 가르칠 수 있으니, 시중에서 판매하는 계산 문제집을 구입해 진행하세요.

계산 문제집을 풀게 할 때는 한 번에 10~15분 정도로 시간을 정해두는 것이 포인트입니다. 무작정 시간을 흘려보내면 산수를 싫어하게 됩니다. 또한 엄마가 조급한 태도를 보이면 부담을 느끼니 합리적인 양을 내주세요. 산수 역시 독서지도와 마찬가지로 익숙해지면 거부감을 없앨 수 있습니다. 그러니 더더욱 매일의 연습이 중요합니다.

산수에 약한 아이는 숫자에 거부감을 갖고 있습니다. 숫자를 보면 "못해", "싫어"라는 생각이 먼저 들기 때문이지요. 그리고 초조해서 계산 실수를 되풀이하고 시험지에는 소나기가 내립니다. 그 결과 '나는 산수를 못해', '숫자에 약해'라고 생각하며 자신감을 잃고, 산수는 점점 더 싫어집니다. 그런 아이에게는 왜 문제를 틀렸는지 생각하게 한 후에 다시 계산하도록 시키세요.

엄마 이 문제는 왜 틀렸을까?

아이 급하게 계산해서요.

엄마 왜 급하게 계산했어?

(아이) 시간이 부족할 것 같아서요.

(엄마) 왜 시간이 부족할 것 같았니?

(아이) 시험시간은 정해져 있잖아요.

(엄마) 시험시간이 정해져 있지 않으면 할 수 있을까?

(아이) 아마 할 수 있을 거예요!

이런 식으로 문제를 틀린 이유를 아이에게 확인하세요. 또 틀린 답은 지우개로 지우지 말고 남겨둡니다. 빈칸에 같은 계산의 답을 적게 한 후 "봐, 이번엔 잘했잖아!" 하고 성공을 인정해주세요.

그렇게 계산 문제집을 풀다 보면 아이는 계산이 빨라집니다. '8+7'을 보자마자 '15' 하고 답이 떠오르는 것이지요. 이때 "우리 애가 천재인가봐" 하고 기뻐하지는 마십시오. 이것은 익숙함의 결과물일 뿐 그저 단순한 암기입니다. 중요한 것은 그 다음입니다.

계산을 술술 풀게 됐다면 지문이 있는 문제를 풀게 하라

기초계산을 할 수 있게 되면 논리적으로 생각하는 힘을 키워야 하므로 이때부터가 중요합니다. 가장 좋은 것은 지문의 시각화입니다.

최근에 '싱가포르 매스(singapore math)'라고 불리는 싱가포르식 산수 교과 과정이 세계적으로 화제가 되고 있습니다. 지문을 시각화해 문제를 푸는 프로그램입니다.

영국의 산수교육은 예전에는 계산문제에 중점을 두었지만, 시험

삼아 싱가포르 매스('시각화'와 '바 모델')를 도입했더니 도입한 모든 학교에서 성적이 향상됐습니다.

싱가포르 매스의 예를 하나 소개하겠습니다.

질문 두 개의 숫자의 합은 36입니다. 큰 숫자가 작은 숫자의 세 배입니다. 두 숫자는 무엇일까요?

이 문제를 '바 모델'을 사용해 시각화하면 다음의 그림과 같습니다. 그러면 학생들은 순식간에 네 개 바의 합계가 36이라는 것을 이해합니다. 36÷4=9가 작은 숫자이고, 큰 숫자가 9×3=27임을 시각적으로 계산해내는 것이지요.

싱가포르 매스에 관심이 있는 분은 인터넷에서 찾아보시기 바랍니다. 싱가포르식 연습문제도 있으니 활용해 보면 좋을 것입니다.

· '바 모델'을 이용한 시각화 ·

조급하게 너무 어려운 내용을 시키는 것은 좌절의 근원

3학년 선행 학습이라고 하면 아이의 학습 속도를 무시한 채 무리하게 앞서가려는 경우가 있습니다. 특히 남자아이는 이해와 흡수 속도가 느린 경우가 있으니 조급하게 앞서가면 안 됩니다. 아이가 숫자를 싫어하게 되면 3학년 선행은커녕 산수를 싫어할 수도 있으니까요. 매일 꾸준히 끈기 있게 산수를 시키다 보면 분명히 실력이 급성장하는 시기가 찾아옵니다.

미래 사회에서는 아이가 문과와 이과 중 어떤 길을 가든 논리적인 사고가 반드시 필요합니다. 부디 아이가 산수를 싫어하지 않도록 아이의 학습 속도를 잘 확인하면서 손이 닿는 범위 내에서 학습을 선행하세요.

선택하고, 설명하고, 사고하는 습관을 키우자

아이에게 YES나 NO를 말할 수 있게 한다

화합을 중요시하는 사회 분위기에서는 직접 감정을 표현하기보다 애매한 표현을 선호합니다. 상대방에게 상처주지 않으려는 배려지만, 애매한 표현에 익숙해져버리면 사고 역시 애매해집니다.

예를 들어, 아버지의 해외 전근으로 아이가 미국 초등학교에 다니기 시작하면 처음에 표현방법의 차이 때문에 혼란을 겪습니다. 미국 학교에서는 좋고 싫음을 명확히 하고 자신의 생각을 표현하라고 늘 요구하기 때문입니다. "방금 말한 친구와 같은 의견입니다"라고 말하면, 선생님이 "그럼 구체적으로 네 생각과 어디가 같은지, 너의 말로 설명해보렴" 하고 파고듭니다.

다민족, 다문화가 모이는 국제사회에서는 인간 한 사람 한 사람이 다른 인격이라고 생각됩니다. **필요 없는 오해나 의사소통의 오류를 피하**

기 위해 애매한 말보다는 직접적인 의사표현방식을 선호하는 것이지요.

그렇다면 미국 아이들은 태어나면서부터 직접적인 표현에 능숙할까요? 꼭 그렇지는 않습니다. 그 아이들도 가족과 주위 사람들에게 훈련을 받습니다.

분명히 의견을 표현하지 않는 아이에게 "예 혹은 아니오(YES or NO)", "네가 결정하렴(It's up to you)" 하고 엄마가 선택을 재촉하는 경우도 자주 볼 수 있습니다. 무엇을 마시고 싶은지, 어떤 신발을 갖고 싶은지, 장난감은 무엇을 원하는지, 축구를 하고 싶은지에 대해 아이는 늘 선택을 요구받으며 성장합니다.

선택을 통해 자신에 대해 더 잘 알게 하고, 선호하는 것과 싫어하는 것, 예나 아니오를 분명히 표현할 수 있도록 키우는 것입니다.

하지만 동양에서는 아이를 키울 때 선택권을 주는 일이 많이 없는데요. 음식도 옷도 신발도 가방도 모두 엄마가 골라주는 것이 일반적입니다. 엄마 입장에서는 아이를 위해 좋은 것을 골라준다지만, 한편으로 아이가 선택할 기회나 "나는 이게 좋아요" 하고 의사를 표현할 기회를 빼앗는 것입니다.

음식 등을 무제한으로 고르게 하는 것은 좋지 않지만 옷, 양말, 모자, 칫솔, 문구, 장난감처럼 본인이 사용할 물건은 아이에게 고르게 하세요. 아이는 스스로 선택하면서 자신이 무엇을 좋아하고 싫어하는지를 확인할 수 있습니다. 또한 물건을 소중히 다루게 됩니다.

필자가 운영하는 학교에도 일부러 좌우가 다른 신발을 신고 다니는 아이가 있습니다. 분명 아이 스스로 고른 것일 텐데요. 엄마도 아이의 감성을 존중해 간섭하지 않고 그냥 두는 것입니다.

엄마와 자녀가 대화할 때는 눈치로 파악하지 않는다

사고력을 단련하려면 아이 앞에서 애매한 말을 사용하지 않도록 노력하세요. 애매한 말이란 저것, 이것, 그것, 다들, 같은 것, 근처, 그냥, 비교적, 그다지, 어느 쪽이든, 조금, 일단, 아마도, 이따가 등을 말합니다. 아이가 애매한 말을 사용할 때는 못 알아듣는 척하며 되물어보세요.

아이 다들 가지고 있으니까 휴대폰 사줘요!
엄마 다들이라니 누구를 말하니?

아이 엄마 저것 좀 주세요.
엄마 저게 뭐야?

아이 용돈이 3,000원 정도 필요해요.
엄마 그럼 2,500원이면 되니?

엄마 학교 재미있었니?
아이 그다지요.

엄마 재미있지 않았구나?

엄마 영화관에 갈래?
아이 어느 쪽이든 상관없어요.
엄마 그럼 안 간다고 생각하면 되니?

엄마 언제 숙제할 거니?
아이 이따가요.
엄마 '이따가'라는 게 언제니? 30분 후야?

엄마의 이런 반응에 아이는 캐묻는다고 느낄 수도 있습니다. 하지만 엄마가 이렇게 모르는 척하며 되묻지 않으면 아이는 자신의 생각이 애매하다는 사실을 알아차리지 못합니다. 또한, 문장이 성립되지 않을 경우에도 "그게 뭐야?", "그걸 어떻게 해달라는 거지?" 하고 제대로 말로 설명하게끔 유도하세요.

초등학교 고학년부터는 말놀이로 사고력을 단련한다

서서히 설명하는 힘이 길러졌다면 초등학교 고학년부터는 다음과 같은 게임을 통해 생각하는 힘을 더 성장시키세요.

'만약 ~라면' 게임

"만약 어디든 갈 수 있는 문이 있다면 어디로 갈 거야?"

"만약 투명인간이라면 무엇을 할래?"

"만약 10억짜리 복권에 당첨되면 어떻게 할 거니?"

"만약 죽지 않는 약이 있다면 먹겠니? 안 먹겠니?"

'극단의 선택' 게임

"진짜 친구 1명과 그냥 친구 50명이 있다고 가정한다면 어느 쪽이 좋을까?"

"돈과 사랑 중에서 뭘 선택할래?"

"가난한 행복과 부자의 불행 중 뭐가 나을 것 같아?"

"대통령이나 영화배우 중에서 직업을 고른다면 뭐가 좋아?"

"미래와 과거를 모두 갈 수 있다면 어디로 갈래?"

'너라면 어떻게 할래?' 게임

"아는 사람이 물건을 훔치는 것을 봤어. 너라면 어떻게 할래?"

"길 잃은 고양이를 발견했어. 너를 매우 따르는데 어떻게 할래?"

"쇼핑을 했는데 거스름돈을 받고 보니 500원을 더 받았어. 어떻게 할 거야?"

"동급생 친구가 너를 괴롭힌다면 어떻게 할래?"

"친구가 따돌림을 당하는 것을 봤다면 어떻게 할 거야?"

이런 말놀이를 일상적으로 하면 아이는 자연스레 자신의 생각에 이유를 붙여 말하게 됩니다. 자신의 의사를 명확히 하는 표현력이 길러지는 것이지요.

학교에서 공부를 하거나 사회에서 일을 할 때, 인간관계를 만들어 나갈 때 이런 능력은 반드시 필요합니다. 엄마가 아이와 함께 놀면서 해보세요.

♥ 엄마 공부 포인트

'스스로 생각하는 힘' 키우기

- 7세부터 9세까지는 다독(한 달에 4~5권)하는 습관을 키우고, 10세부터는 논픽션(비소설)에도 도전하게 한다.
- 초등학교 4학년 이후에는 엄마와 자녀가 함께 신문기사를 읽으면서 의견을 교환한다.
- 산수는 문제집 풀이를 통해 '3학년 선행'을 목표로 한다.
- 문제 풀이는 한 번에 10~15분으로 시간을 정하고 합리적인 양을 진행한다.
- 명석하게 설명하는 힘을 키우기 위해 애매한 말은 파고들고, 게임으로 말놀이를 한다.

'선택하는 힘' 키우기

십대는 입시 등 인생에서 처음으로 중요한 선택을 하는 시기이며 사고력이 요구되는 때입니다. 자신의 머리로 생각하고 스스로 선택해 행동해야 합니다.

엄마는 자녀를 믿고 지켜봐주세요. 궤도 수정이 필요할 때는 엄마의 관점이 아니라 한 사람의 어른으로서 존중하며 조언해주세요.

이 단계에는 아빠가 인생의 선배로서 좋은 조언자가 되고, 엄마는 아이의 건강과 마음을 관리하며 아이를 도와주세요.

자신과 마주하는 경험 쌓게 하기

자신과 마주하고 더 좋은 선택이 무엇인지 묻게 하라

십대 청소년에게 사고력의 중요성을 전달하는 키워드가 바로 '선택' 입니다. 진로 선택, 행동 선택, "자신에게 더 좋은 선택은 무엇인가?" 라는 질문을 늘 생각하며 생활하도록 아이에게 조언해주세요.

이 습관이 있으면 주위 분위기에 휩쓸릴 것 같을 때, 본심과 다른 선택을 할 것 같을 때, 아이가 멈춰 서서 생각해보게 됩니다.

"부모님의 선택에 따랐을 뿐이다"라고 말하는 아이도 있을지 모릅니다. 하지만 부모를 따르는 선택을 한 것은 다른 누구도 아닌 본인임을 알려주십시오. 진학은 물론이고 커리어와 그 후의 인간관계 등 아이는 많은 선택을 하게 됩니다.

더 좋은 선택을 하려면 평소의 자세가 중요해요. 자신은 이제껏 어떻게 살아왔으며, 무엇을 소중히 여겨왔고, 앞으로는 어떻게 하고 싶은지 말입니다. 이렇게 **자기 자신과 마주하는 방법을 터득해두면 선택의 순간에 크게 고민하지 않을 수 있습니다.**

다음 문장은 과연 무엇일까요? 여러분이라면 무엇이라고 답할지 하나씩 신중하게 읽어주세요.

- 지금까지 당신의 인생에 대해 책으로 쓴다면 제목을 무엇으로 하겠습니까? 그 이유도 함께 적어주세요. _에머슨대학

- 당신이 만든 유튜브(YouTube) 비디오가 조회수 100만 건을 기록했습니다. 그 비디오 내용에 대해 말하시오. _리하이대학

- 당신은 백악관에 초대받았습니다. 거기서 진행할 연설 원고를 적으세요. _노스캐롤라이나대학

- 만약 인류의 발명을 단 하나만 취소할 수 있다면 무엇을 없앨 건가요? _브랜다이스대학

- 과학자와 예술가가 인종문제에 대해 이야기하고 있습니다. 어떤 대화가 오갈지 적어보세요. _햄프셔대학

- 당신이라는 인간을 정의하시오. _뱁슨대학

- 당신은 방금 300쪽의 자서전을 완성했습니다. 그중에서 217쪽을 제출하세요. _펜실베이니아대학

이것은 미국의 대학 입시문제(에세이, essay)입니다. 미국의 대학입시는 1년에 4~5회 시행되는 '공통학력평가(좋은 점수를 딸 때까지 몇

번을 봐도 됨), 학교 성적, 선생님의 추천장, 과외활동, 봉사활동, 그리고 에세이 내용을 종합적으로 평가해 합격 여부를 결정합니다.

특히 난도가 높은 대학일수록 에세이를 중시하지요. 이를 통해 수험자의 발전가능성과 인격을 평가하는 것입니다. 에세이를 쓰는 것은 자기 자신과 마주하는 작업입니다. 500~1,000단어라는 제한된 글자 수로 자신이 어떤 인간이며, 무엇을 생각하고, 앞으로 어떻게 살고 싶은지를 표현하는 것이니 사고력 훈련을 하기에 좋은 방법입니다.

꼭 에세이를 쓰는 것이 아니더라도, 아이가 어떤 것에 흥미가 있는지, 장래에 어떤 길을 가고 싶은지, 아이의 강점과 흥미를 어떻게 살릴 수 있는지 등을 부모와 자녀가 함께 이야기해보는 기회를 가져봅니다.

의료 분야에 흥미가 있다면 직장체험을 해보게 하거나, 의료 관계자와 이야기해볼 기회를 만들어보세요. 컴퓨터에 흥미가 있으면 게임이나 애플리케이션 개발 워크숍, 서머스쿨 등에 참가할 기회를 제공하십시오. 교육에 관심이 있다면 아동보육 봉사, 아동을 대상으로 한 학원에서 아르바이트를 경험하게 합니다.

이것은 아이가 정말로 하고 싶은 일을 찾을 수 있도록 부모의 힘을 이용해 최대한 지원하는 것이지요.

사회에는 실제로 체험해보지 않으면 모르는 일들이 많습니다. 그 경험을 청소년기에 쌓을 수 있도록 하는 것입니다. 아이가 선택의 기로에서 고민한다면 부모가 아이의 강점과 장점을 구체적으로 알려주세요.

"너는 다른 사람들에게 상냥하게 대하구나. 남의 이야기를 잘 들어주고, 공감하는 힘은 훌륭한 거야."

"주위 사람들을 이끌어가는 힘이 있어. 리더십이 있다는 건 특별해."

"손끝이 정말로 야무지구나. 그건 다른 사람들이 쉽게 흉내 내지 못하는 거란다."

"너는 도전정신이 있잖아. 변화를 두려워하지 않는 건 특별한 재능이야."

"포기하지 않는 건 사람에게 가장 중요한 힘이란다."

이처럼 강점과 장점을 알려주고 아이가 자신의 개성을 살리기 위해 어떻게 하면 좋을지 생각하게 만드십시오. 대학입시, 대학생활, 취직이라는 커다란 기로에서 자기다운 인생을 스스로 선택하려면 그때까지 아이가 '나는 어떤 인간이고 어떻게 살고 싶은지'를 확인하게 하는 것이 중요합니다. 이것을 청소년기에 꼭 체험할 수 있도록 해주세요.

'왜?'라고 생각하는 힘을 키우자

'사고력'과 '상대방을 수용하는 힘'을 배우는 토론

서양에서 토론은 학교 교육의 일부입니다. 의견 교환을 통해 자신의 사고에서 편향된 점이나 오해를 깨닫고 세상에는 다양한 생각이 있다는 것을 실감할 수 있지요. 즉 '사고력'과 '상대방을 수용하는 힘' 두 가지를 배울 수 있습니다.

학교 수업에서는 '제복은 폐지해야 한다', '고등학생의 아르바이트는 자유화해야 한다', '사형은 폐지해야 한다', '동물실험은 폐지해야 한다' 등을 주제로 찬성파와 반대파로 나뉘어 논의합니다(그룹 나누기는 무작위로 진행하며 학생의 개인적인 의견과는 무관하게 나눕니다).

토론의 핵심은 상대방을 말로 이기는 것이 아니라 논리적으로 사고하고 합리적으로 판단하는 힘을 단련하는 데 있습니다. 엄마와 자녀가 함께 시도해보기 바랍니다. 예를 들어, "도서관에 만화책이 필요할까?" 하고 질문해보고 아이가 필요나 찬성이라는 의견을 낸다면 엄마는 반대의 입장에서 이야기를 나누면 됩니다.

> **엄마** 학교 도서관에 만화책이 꼭 필요할까? 학교에서 만화책은 금지야. 학교는 공부하는 곳이니까.

> **아이** 도서관에 만화책을 두는 건 찬성이에요. 최근에는 역사, 의료, 정치, 경제, 국제문제 등 교육적인 만화도 많아요. 학습에 도움이 되는 만화라면 도서관에 비치해야죠.

> **엄마** 교육적인 만화인지 아닌지는 누가 정하지? 교육적이라는 근거는 뭘까?

이렇게 질문하면서 아이가 논리적으로 사고할 수 있도록 이끌어주세요. 이때 엄마와 자녀가 놀이의 연장으로 생각하고, 감정적으로 말싸움은 하지 않아야 합니다.

토론 주제의 예

- 학교 교복은 폐지해야 하는가?
- 남자학교, 여자학교는 남녀공학보다 우수한가?
- 따돌림을 한 아이는 법적으로 벌해야 할까?
- 학생도 선생님에 대한 평가 보고서를 작성해야 할까?
- 사형제도는 폐지해야 할까?

토론 교육으로 세계 최고의 학력을 갖추게 된 핀란드

토론, 그룹 토의를 학교 교육에 도입해 학생들의 학력(사고력)을 단기간에 향상시키는 데 성공한 곳이 바로 핀란드입니다. 핀란드는 수업시간에 선생님이 교실 앞에 서서 강의하지 않습니다. 학생 한 명이 학습목표를 정하고 이를 위한 정보를 수집하며, 선생님께 질문하고 그룹으로 논의합니다.

그 과정에서 학생은 책이나 인터넷을 통해 지식을 늘리고 주위 사람들과 의견을 나눕니다. 핀란드가 사고력 교육에 힘을 쏟기 시작한 것은 1980년대부터로, 그 이전에는 동일한 지식을 주입하는 수업을 하고 ○×식 시험을 통해 평가를 진행했습니다. 핀란드 정부는 교육을 개선하면서 교육환경의 평등화와 교사의 수준 향상에 착수했습니다. 나아가 지도방법의 재량권을 교육현장으로 옮겨 가르치는 교육에서 배우는 교육으로의 전환이 빠르게 이루어졌습니다.

◯ 엄마 공부 포인트

'선택하는 힘' 키우기

- '무엇이 자신에게 좋은 선택인가?'를 항상 생각하며 생활하게 한다.
- 아이의 강점과 장점을 알려주고 동시에 아이가 '정말로 하고 싶은 일'을 발견하기 위한 기회를 제공한다.
- 가정에 토론을 도입해 논리적인 사고와 수용하는 힘을 키운다.

제6장

사람들에게 호감 사는 아이 만들기

인간관계를 넓히는 '의사소통능력'

의사소통능력 1단계(0~6세)

'사람과 관계 맺는 힘' 키우기

'의사소통능력'을 키우는 첫 단계는 '사람과 관계 맺는 힘'을 기르는 것입니다. 0~6세는 아이가 사람과 신뢰관계를 만드는 법을 배우는 중요한 시기입니다.

아이가 인생에서 처음으로 신뢰관계를 맺는 대상은 엄마입니다. 엄마와의 관계가 아이의 평생 의사소통능력을 좌우한다고 해도 과언이 아닙니다. 이 시기에는 좋은 애착관계를 만들 수 있도록 노력합니다.

'역할놀이'를 통해
의사소통능력을 자극하자

민감하게 반응하고 끊임없이 자극한다

아기는 태어나서 처음에 엄마로부터 의사소통을 배웁니다. 엄마와의 관계가 '사람과 관계 맺는 힘'을 좌우한다고 할 수 있지요. 엄마가 말을 많이 걸고, 노래해주고, 놀아주면 아기는 사람과 관계 맺는 일이 즐겁고 기쁘다는 경험을 쌓을 수 있습니다. 이 즐거운 경험이 의사소통능력의 토대가 됩니다.

아기가 소리를 냈을 때, 무언가를 원하는 행동을 보였을 때 엄마가 민감하게 반응해주세요. 아기가 보내는 '사람과 관계 맺고 싶다'는 신호를 엄마가 놓치지 않는 것이 중요합니다.

아기가 두 손을 위로 뻗으면 "일어나고 싶구나" 하고 아이의 말을 엄마가 대신하면서 안아줍니다. 아기가 "아아"거리며 무언가를 호소할 때는 "배가 고프니?" 하고 말하며 젖을 먹입니다. 말, 표정, 동작을 사용한 의사소통을 많이 하면 아기는 사람과 관계 맺는 힘을 발달시킬 수 있습니다.

"둥글게 둥글게 짝짝", "가위바위보로 무얼 만들까?", "올라갔다 내려갔다", "있다 없다 까꿍"처럼 리듬감 있는 놀이를 많이 하세요. 엄마와 함께하며 즐거움을 많이 느낄수록 아이는 다른 사람과의 관계를 적극적으로 원하게 됩니다.

2세부터는 '역할놀이'의 세계에 빠져라

아이가 2~3세 무렵 말로 소통할 수 있게 되면 엄마와 아이의 놀이 수준을 향상시키세요. 이때 **의사소통능력을 키우는 효과적인 놀이가 바로 '역할놀이'입니다.** 소꿉놀이나 영웅놀이 등 아이가 좋아하는 '역할놀이'는 상대방의 입장이 돼 생각하거나 다른 사람과 관계를 맺을 때의 기본적인 기술을 키워줍니다.

노벨상(Nobel Prize) 수상자나 맥아더재단의 천재상(Genius Award) 수상자를 조사해 보니, 유아기에 '역할놀이'를 즐겨했던 인물이 많았다고 합니다.

여자아이라면 아기 인형이나 커다란 봉제인형을 사용해 노는 엄마놀이, 엄마를 흉내 내며 요리를 만드는 주방놀이, 어린이집 선생님 역할을 하며 아이들을 가르치는 선생님놀이, 가게 점원이 되는 판매놀이 등을 매우 좋아합니다.

남자아이라면 영웅인형을 사용한 영웅놀이, 운전수놀이, 목공놀이, 소방관놀이처럼 어떤 직업을 경험하는 놀이를 좋아합니다.

예를 들어, 가게에서 물건을 파는 놀이를 한다면 탁자에 과자와 과일을 펼쳐놓습니다. "어서 오세요!" 하고 아이가 인사를 하면 엄마는 "혹시 과자 있어요?" 하고 묻습니다. "네, 있어요. 무엇을 찾으세요?" 하고 아이가 물으면 엄마는 "몸에 좋은 과자가 있나요?"라는 식으로 사고를 조금씩 자극하는 질문을 해보세요.

역할놀이를 할 때면 아이가 엄마에게 같은 역할을 몇 번이고 반복하길 원해서 지치기도 하지만, 끈기 있게 반응해주세요. 아이의 의사소통능력을 키우는 것은 물론이고 언어능력, 사고력도 발달합니다.

많이 웃게 해서
감정표현이 풍부하게 하자

표정이 풍부한 아이가 호감을 얻는다

0~6세 아이에게 가르쳐줄 중요한 의사소통능력이 바로 '감정표현' 입니다. 서양인이 보기에 아시아인은 감정표현이 적어 표정만으로 는 기분을 읽어내기 어렵다고들 합니다. 일반적으로 감정표현이 풍 부한 사람에게 친밀함을 느끼는 경우가 많으므로, 인간관계를 원만 히 만들기 위해서라도 표정이 풍부해야 합니다.

실제로 감정표현이 풍부한 아이는 인기가 있고, 호감을 얻습니다. 주위에 자연스레 사람이 모이고 친구들이 많이 생깁니다. 감정표현 이 풍부해서 호감 있는 아이로 키우려면 엄마가 아이의 기분에 공 감하는 것이 중요합니다. 엄마가 아이의 감정에 아무런 반응도 하지 않고 아이와 소통하지 않으면 아이는 거부 당했다고 느끼고 사람과 의 관계에 소극적인 모습을 보입니다.

아이가 기뻐할 때는 엄마도 기뻐하고, 아이가 슬퍼할 때는 엄마도 슬퍼하며, 아이가 놀랐을 때는 함께 놀라십시오. 엄마가 아이의 기분을 공유하고, 아이의 감정에 동조하고자 의식하면 아이도 감정표현이 풍부해집니다.

특히 **엄마가 의식적으로 감정을 연출하고, 감정을 접하는 경험을 시켜주는 것이 중요하겠지요. 가장 중요한 것은 엄마의 미소입니다. 엄마는 늘 웃는 모습을 보이도록 노력해주세요.**

엄마의 표정은 반드시 아이에게 옮아갑니다. 수천 명의 아이들을 봐왔는데, 대부분의 아이는 엄마와 똑같은 표정을 하고 있습니다.

웃는 것이 어색하고 익숙하지 않은 사람은 늘 입꼬리를 올리려고 노력합니다. 거울 앞에서 볼에 힘을 주고 입꼬리를 위로 끌어올린 후 그 표정을 유지하면 됩니다. 굳이 치아가 드러나게 웃지 않아도 입을 좌우로 크게 넓히고 입꼬리를 올리기만 해도(얼굴 근육을 위로 끌어올리기) 충분히 웃는 것처럼 보입니다.

특히 아침에 일어나면 표정이 굳어 있기 쉬우니 우선은 거울 앞에서 미소를 지은 후 아이를 대하세요.

많이 웃게 하면 사교적인 아이로 자란다

아이를 웃게 하는 것은 매우 중요합니다. 많이 웃으며 자란 아이는 쾌활하고 솔직한 성격을 갖게 됩니다. 어른들은 대개 각자의 친구 관계에서는 웃음이나 유머를 소중히 여기지만, 유독 집에서는 굳은 표정을 보이는 사람이 많습니다. 집 안에 더 많은 웃음과 유머를 퍼뜨리세요.

아이를 웃게 하기란 쉽습니다. "누가누가 오래 눈을 감지 않는지 눈싸움 해볼까? 아이쿠 엄마가 먼저 깜빡했네!", "까꿍" 하고 엄마가 재미있는 표정을 짓기만 해도 아이는 키득거리며 웃고 즐거워합니다.

또한, 엄마가 말이 돼 아이를 태워주세요. 비행기 태우기, 볼이나 배에 입을 대고 "푸푸푸" 하고 숨을 뱉기, 무릎 위에 앉히고 간질이기, "잡아라!" 하고 아이 쫓아가기, 인형을 이용해 재미있는 이야기 하기, "에, 에, 에취!" 하고 과장된 재채기를 하는 등 놀이방법은 다양합니다.

핵심은 몇 번이고 같은 동작을 반복하는 데 있습니다. 똑같은 동작을 몇 번이고 반복해도 아이는 계속 웃음을 터뜨립니다. 이러한 반복이 아이의 유머를 길러주고 사교적인 성격을 형성합니다.

엄마 공부 22

6세까지 '공감하며 듣는 힘'을 키우자

듣는 힘이 생기면 공부를 잘하게 된다

감정표현이 풍부해지면 다음에는 6세까지 '말하는 힘'과 '공감하며 듣는 힘'을 길러주세요. 특히 '공감하며 듣는 힘'이 중요합니다.

듣는 힘을 키우면 아이가 공부를 잘하게 됩니다. 학습태도에 대해서도 설명했는데, 다른 사람의 말을 진지하게 들을 줄 아는 아이는 집중력이 있어 한 번의 수업, 한 번의 대화를 통해서도 중요한 것을 많이 배웁니다.

의사소통이란 자신이 말하고자 하는 바를 일방적으로 전달하는 것이 아니라, 사람과 사람이 서로 메시지를 주고받는 일입니다. 말하기와 듣기를 잘하는 아이는 점차 의사소통에 능숙해집니다.

하지만 여러 가지 상황으로 인해 듣는 힘을 키우지 못한 아이가 많습니다. 이야기를 하는 도중에 끼어들고, 머릿속에 떠오르는 대로 내뱉고, 다른 사람의 말을 끝까지 듣지 않고 제 말만 하는 아이들이 수두룩합니다. 그리고 그대로 어른이 됩니다.

이것은 어른이 된 후에 문제가 될 수도 있으니, 우선은 모범을 보이는 차원에서라도 엄마가 아이의 이야기를 제대로 들어주세요.

"도대체 무슨 말을 하고 싶은 거니?", "제대로 설명해봐!", "바쁘니까 나중에 해!"라고 말하지 말고 아이가 이야기를 할 때는 끝까지 잘 들어야 합니다.

어린아이는 어휘가 부족하고, 문법이 완전하지 않으며, 표현력이 부족해서 무엇을 말하려는지 알 수 없는 것이 대부분입니다. 그러니 "빨리 말해!"하고 재촉하지 말고 웃는 얼굴로 아이의 이야기를 끝까지 잘 들어주세요.

서두르지 말고 아이에게 말할 시간을 충분히 제공하라

아이의 이야기를 들을 때는 눈을 맞추는 것이 포인트입니다. 위에서 내려다보지 말고 아이와 시선을 맞추며 "그래, 그렇구나"라고 고개를 끄덕이며 들어야 해요. 때로는 몸을 앞으로 기울여 "우아, 정말?"하고 맞장구를 치세요. "그건 진짜 놀랍다!"하고 아이의 이야기에 공감하며 들으세요.

어른을 상대로 이야기를 들을 때와 똑같습니다. 절대로 서두르거나 부정하거나 이야기를 중간에 끊으면 안 됩니다.

아이의 이야기를 들을 때는 그 내용보다도 아이의 마음에 공감하는 걸 의식해야 합니다.

예를 들어, 엄마가 친구들과의 대화에 빠져 있으면 아이가 "엄마!
엄마!" 하고 시끄럽게 부를 때가 있지요. 그것은 바로 "나를 바라
봐!", "내 이야기도 들어줘"라는 메시지입니다.

아주 중요한 이야기가 아니라면 아이를 바라보고 "그래, 들어보
자"라며 안심시키세요. 아이의 마음이 채워지면 끈질기게 엄마를 부
르는 일은 없습니다.

**엄마가 잘 들어주는 사람이 되면 아이가 이야기를 하는 데 적극적인 모습
을 보입니다.** 상대방이 자신의 이야기에 흥미를 가지고 있다는 것을
느끼면 기분이 좋아서 계속 말하고 싶어지거든요.

아이는 자신의 생각을 말로 하면서 머릿속이 정리됩니다. 그런 경
험이 상대방에게 알아듣기 쉽게 말하고, 순서를 세워 논리적으로 말
하는 의사소통능력을 향상시키는 길이 됩니다. 이러한 바탕이 완성
되면 아이의 듣는 힘도 키워주세요.

그림책을 읽어주면서 이루어지는 의사소통을 활용하라

제5장에서 '그림책 읽어주기'에 대해 소개했는데, 그림책 읽어주
기는 듣는 힘을 키우는 최고의 활동이기도 합니다.

엄마가 그림책을 읽어주면 아이는 안심하고 엄마의 말에 빠져듭
니다. 그림책의 세계에 빠지면 등장인물에 감정이입을 하고 기쁨과
슬픔을 공유하는 것을 배우지요. 이러한 경험이 공감하며 듣는 힘을

키웁니다.

책을 읽어줄 때는 의사소통을 의식하며, 중간에 아이가 "어째서?", "이건 어떤 뜻이에요?" 하고 묻는다면 "엄마는 이렇게 생각하는데, ○○는 어떻게 생각하니?", "토끼는 어떤 기분이었을까?" 하고 아이에게 되물으세요.

"다 읽고 설명해줄게!"라는 식으로 책을 끝까지 읽는 것을 우선할 필요는 없어요. 아이가 의문을 느꼈을 때가 사고력을 키울 기회라고 여기고 질문을 주고받으며 깊이 생각하도록 유도하세요.

또 그림책을 읽으면서 아이의 마음이 어떻게 움직이는지 잘 살펴 "슬프겠다", "기쁜가보다", "외로웠겠다"라는 말을 덧붙여 공감능력을 키워주는 것도 중요합니다.

듣는 힘이 부족하면 가정에서 예습하자

듣는 힘을 키운 아이는 초등학교의 수업을 힘들어하지 않습니다. 흡수력이 상당히 높으니까요. 반면에 듣는 힘이 부족한 아이는 금세 집중력이 떨어지고 졸려합니다. 수업 후에 어떤 내용을 배웠는지도 잘 기억하지 못해요.

이렇게 초등학교에 들어간 아이에게 듣는 힘이 부족하다면 가정에서 수업내용을 예습하게 해주세요. 전날 밤에 교과서를 읽어주고 대략적인 내용을 파악하게 하는 것입니다. 아이가 읽는 데 서투르다면 엄마가 교과서를 읽어줘도 됩니다.

예습을 하면 선생님의 이야기를 들었을 때 머릿속에 내용이 잘 그려지고 이해도 깊어집니다. 그러면 집중력을 유지하면서 수업을 듣게 되는 법입니다.

엄마 공부 포인트

'사람과 관계 맺는 힘' 키우기

- 아기와 상호작용 및 소통을 많이 한다.
- 2세부터는 '역할놀이'를 통해 언어능력과 사고력을 키운다.
- 아이를 많이 웃게 하면 감정표현이 풍부하고 호감 있는 아이로 자란다.
- 아이의 이야기를 끊지 말고 끝까지 들어주면 '말하는 힘'과 '듣는 힘'이 자란다.
- 듣는 힘이 있는 아이는 의사소통뿐만 아니라 공부도 잘한다.

인간관계의 '폭' 넓히기

초등학생이 되면 가족 이외의 사람과 의사소통을 훈련하는 시기입니다. 이 단계에는 아이를 적극적으로 밖에 데리고 나가기 시작해야 하므로 아빠의 역할이 커집니다. 엄마는 집에서 아이와 좋은 관계를 유지할 수 있도록 소통을 긴밀히 하세요.

또한, 초등학교 고학년부터는 동성인 부모의 역할이 중요해집니다. 남자 아이에게는 아빠, 여자아이에게는 엄마가 동성의 선배로서 친구 관계, 학습, 놀이 등에 대해 눈높이에 맞는 좋은 이야기 상대가 돼주세요.

집단 활동에 참여시켜
의사소통의 폭을 넓히자

과외활동은 의사소통능력을 키워주는 장

우리는 마음이 맞는 사람들끼리만 소통하는 경향이 있습니다. 흥미나 관심, 세대의 차이를 넘어 소통하는 것이 어렵다고 느끼고, 가능하면 낯선 사람과의 교류를 피하려고 하지요.

하지만 미래에 아이의 활동범위가 좁아지지 않으려면 집단 활동에 참여시키는 것이 가장 좋습니다. 특히 구기운동, 댄스, 연극처럼 몸을 움직이는 것이 중요합니다(어른도 의사소통능력이 좋아집니다). 다른 아이들과 함께 몸을 움직이는 활동을 통해 의사소통하고, 공감하며, 상호 전달하는 힘을 키울 수 있어요. 또 몸을 움직이면 스트레스도 해소됩니다.

보통 아이의 과외활동으로 수영, 발레, 피아노처럼 개인경기나 혼자서 연습하는 것을 고르는 경향이 있습니다. 물론 자신감을 키우기 위한 과외활동으로는 좋지만, 의사소통능력을 키우려는 생각이라면 집단으로 하는 활동에 참가시키세요.

서양에서는 초등학생이 되면 몇 가지 다른 과외활동에 아이를 참여시킵니다. 운동의 경우에는 축구와 테니스처럼 말이지요. 신체발달이 골고루 이루어지게 하고, 아이의 인간관계가 같은 집단과의 교류에만 치우치지 않도록 하기 위한 배려입니다.

또한 운동과 문화활동 두 가지를 모두 경험시키는 경우도 많아요. 축구와 댄스, 농구와 연극, 야구와 합창을 배우게 하며 아이의 인간관계가 특정한 집단에 치우치지 않도록 합니다.

여러 과외활동을 경험하면서 아이는 학교친구, 운동친구, 음악친구 등 다른 분위기를 가진 집단과 교류할 수 있습니다. 학교뿐만 아니라 과외활동을 통해 길러지는 폭넓은 인간관계가 장래 아이의 의사소통능력에 큰 영향을 줍니다.

소극적인 아이는 우선 가정에서 자신감을 키운다

낯선 집단에서 활동하는 것을 힘들어하는 아이도 많습니다. 특히 최근에는 아이의 친구 만들기에 대한 상담이 많아졌습니다. 형제자매가 적고 조부모나 친척과의 교류도 줄어들면서 대인관계를 만드는 힘이 약해진 탓이지요.

"초등학교 2학년인데 친구가 아무도 없어요"라는 고민을 상담한 적도 있습니다. 그런 아이에게 억지로 과외활동을 시켜도 친구를 만들기는 쉽지 않습니다. 이때 "너도 같이 놀고 싶다고 하면 되잖아!" 하고 아이를 혼내면 안 됩니다. 만약 친구들이 싫다고 거절하면 아이는 마음 깊이 상처를 받고 인간관계를 더 멀리하게 되니까요.

인간관계에 소극적인 아이는 아직 밖에 나갈 자신감이 길러지지 않은 것이니, 우선은 가정에서 아이의 자신감을 키워주세요(방법은 제4장 참조). 부모가 너무 조급하게 생각하지 말고, 자신감이 부족한 아이는 자신감이 생긴 후에 과외활동을 시키면 됩니다.

이때 미리 가정에서 연습을 통해 어느 정도 할 수 있게 만든 다음에 과외활동에 참여시키세요. 아무 준비도 없이 과외활동에 들어가면 또다시 자신감을 잃습니다. 가정에서 연습해 남들 수준 이상으로 만든 다음에 참여시키는 것이 이상적입니다.

아이가 부모의 지원을 실감하면 포기하지 않고 계속 노력하게 됩니다. 그렇게 노력이 이어지면 기능은 향상되고 자신감도 더욱 커질 것입니다.

어른들과 섞여 대화하고 교류하게 하자

세대를 초월한 의사소통능력의 기회를 제공하자

"어른들 이야기에 끼어들면 안 돼."

"애들은 저쪽에서 놀아."

부모와 자녀가 함께 모이는 자리에서 어른은 어른, 아이는 아이로 나누어 시간을 보내는 일이 많습니다. 하지만 초등학생은 어른들의 이야기가 흥미진진합니다. 어른의 대화에 적극적으로 아이를 끼워 주세요.

서양에서는 생일파티 등에서도 어른이 아이와 섞여 대화를 즐깁니다. 아이와 이야기하면서 자립심을 촉구시키려고 하는 것이지요. "잭, 안녕! 요즘 축구는 많이 늘었니?" 마치 성인 친구를 대하듯이 초등학생에게 말을 겁니다.

아이는 한 사람의 인격으로 대접받는 것이 기쁩니다. 그래서 의젓

하게 대화하고자 말투에 신경을 쓰게 됩니다. "그럭저럭이요. 지난번 시합에서는 아쉽게도 졌지만요. 리처드 아저씨는 골프 실력이 늘었나요?"라는 식의 대화가 일상적으로 오고갑니다. **초등학생이지만 한 사람의 인격으로 대접하면 아이의 자립심에 불이 붙습니다.**

한편, 엄마들은 자신의 자녀를 '애 취급'하기 쉬우니 주의해야 합니다. 자녀를 애 취급하는 것은 자녀를 자신의 분신으로 여기기 때문입니다. 그래서 아무렇지 않게 명령과 지시의 말을 사용하지요(상대방이 남의 아이라면 무턱대고 명령이나 금지의 말을 쓰지는 않겠지요).

초등학생 아이를 움직이고 싶을 때는 어른처럼 대접하면서 '미안하지만'이라고 한 마디 덧붙이면 원활해집니다. 부모가 존중하는 마음을 갖고 대하면 아이에게 자립심이 자랍니다.

부모와 자식 간의 응석 섞인 대화에서 어른들의 대화로 의사소통 능력을 향상시키려면 지시나 명령을 최대한 하지 말아야 합니다. 어른과 대화하듯이 아이와 이야기해보세요.

아이를 어른들의 모임에 데려가라

사실 예전에도 세대를 초월한 교류가 많았습니다. 가족이 총출동해 농사일을 하거나 큰아이가 어린 형제자매를 돌보고, 어른이 어디를 갈 때 아이를 데리고 가는 광경을 자주 볼 수 있었습니다.

하지만 지금은 저출산으로 인간관계가 줄어들고, 도시화로 인해 지역사회와의 연계가 약해졌으며, 정보화로 사람을 만나지 않아도 많은 일들이 가능한 세상이 됐습니다. 결국 아이가 폭 넓은 사람들과 관계를 맺을 기회가 사라진 것입니다. 그러니 아이가 인간관계를 넓힐 수 있도록 부모가 만남의 장을 만들어줘야 합니다.

어른들의 활동에 아이도 참여하게 해주세요. 동네 모임이나 단체 청소, 축제와 행사를 돕는 곳에 아이를 데려가서 지역 사람들을 접할 기회를 만들어주면 됩니다.

만약 아이가 어떤 일을 도와주면 "○○는 기특하구나", "○○가 많이 도와주네" 하고 주위의 어른들이 말을 걸어줍니다. 어른과의 대화가 아이의 의사소통능력과 자신감을 키워줄 것입니다.

나아가 과외활동, 스포츠센터, 예체능학원 등 연령이 다른 아이들이 모이는 곳에도 참여시키세요. 상하관계에 민감할 수도 있지만, 아직 초등학생일 때는 학년을 뛰어넘어 교류할 수 있습니다.

은둔의 원인은 인간관계가 대부분

미국에는 나이가 많은 아이가 자신보다 어린 아이를 돌보는 빅 브라더(big brothers), 빅 시스터(big sisters), 학교에서 하급생을 도와주는 버디 시스템(buddy system)이라 불리는 프로그램이 있습니다. 아이가 연령을 초월해 폭넓은 교류를 할 수 있도록 학교와 지역사회가 기회를 만들어줌으로써 아이의 비행과 등교 거부, 학력 부진 등의 문제를 피할 수 있기 때문입니다.

하급생을 돌보고, 이야기 상대가 돼주고, 공부를 알려주고, 교우관계에 관한 조언을 하며 나이를 초월해 의사소통하는 경험은 도움을 받는 쪽에도 도움을 주는 쪽에도 장점이 많습니다.

의사소통이 힘들어서 은둔하는 상황까지 갈 수도 있는데요. 그 원인은 '인간관계가 힘들어서', '학교에 적응하지 못해서' 등 사람과 관계 맺는 힘이 약해서가 대부분입니다. 따라서 어릴 때부터 가정에서 의사소통 기술을 가르침과 동시에 세대를 초월해 다양한 사람들과 교류할 기회를 만들어주는 것이 중요합니다.

의사소통능력과 언어능력을 키우는 '연극'

영국에서는 연극이 필수과목

연극이라고 하면 문화동아리, 수수함, 개성적인 사람들의 모임 등 그리 긍정적인 인상이 아닐 수도 있습니다. 하지만 영국에는 연극이 필수과목인 학교가 많습니다. 과외활동으로도 인기가 많아서 대부분의 아이들은 사회에 나오기 전에 크든 작든 연극을 경험합니다.

미국에서도 연극부('시어터'나 '드라마'라고 불림)는 운동부와 더불어 인기가 높은 과외활동이지요. 중고교에서는 연극부에 들어가기 위한 오디션이 있으며, 적은 수의 역할을 놓고 치열한 경쟁이 벌어집니다. **연극이 교육의 장에서 인기인 이유는 의사소통능력을 높여주기 때문입니다.**

남들 앞에서 당당하게 이야기하는 기술, 표정, 몸짓을 사용해 의사소통하는 방법, 상대방에게 잘 전달되는 발성과 발음 방법, 상대방에게 친밀감을 주는 화법 등 의사소통 기술의 모든 것을 연극을 통해 배울 수 있거든요.

연극 경험자는 영어 습득이 빠르다

연극의 또 한 가지 이점은 바로 연극을 경험한 사람이 영어 습득이 빠르다는 것입니다. 필자는 미국과 일본에서 25년 넘게 영어를 가르치고 있는데, 드물게 영어를 아주 빨리 배우는 사람을 만날 때가 있습니다. 그런 사람의 대부분은 신기하게도 연극 경험자였습니다.

대사를 외우는 힘, 말하는 법·표정·행동을 흉내 내는 힘, 효과적으로 표현하는 힘, 명료하게 발성하는 힘 등 연극을 통해 익힌 능력은 영어 습득에도 활용됩니다. 이런 장점을 고려하면 과외활동을 선택할 때 연극을 선택하는 것도 좋습니다.

Q 엄마 공부 포인트

폭 넓은 의사소통이 가능한 아이로 키우기

- 과외활동은 개인 활동이 아닌 단체 활동에 참여시킨다.
- 자녀를 애로 취급하지 말고 한 사람의 인격체로 대한다.
- 지역 활동이나 어른들의 공동체에 참여시킨다.
- 의사소통능력을 높이는 데 가장 좋은 활동은 연극이다.

세계표준의 '의사소통능력' 키우기

13세 이후는 의사소통의 대상을 세계로 넓혀가는 시기입니다. 지금은 국내에서도 외국인과 쉽게 접할 수 있습니다. 감수성이 풍부한 시기에 외국 문화와 교류해 편견 없는 가치관을 갖도록 합니다.

이 단계에는 아이에게 다양한 환경을 경험시키세요. 지금은 인터넷으로 모든 정보를 얻을 수 있습니다. 국제교류를 할 수 있는 기회를 찾아 가족이 함께 참가해보세요. 작은 한 걸음이 아이에게는 커다란 전환점이 될 수 있습니다.

다양하게
외국 문화를 접하게 하자

영어를 할 수 있다고 글로벌한 것은 아니다

글로벌화라는 말을 많이 하는데, 대체 글로벌화란 무엇일까요?

많은 이들이 '글로벌화가 영어 습득'이라고 생각하지만, 영어를 말할 줄 안다고 해서 글로벌 인재가 되는 것은 아닙니다.

미국인은 누구나 영어를 할 줄 압니다. 하지만 미국인이 모두 글로벌 감각을 가지고 있지는 않습니다. 미국에서 태어나고 자라서 영어를 유창하게 말하는 사람이라도 다른 문화와 다른 인종에 대한 편견을 가진 사람이 많습니다.

글로벌 감각이란 국적, 문화, 가치관, 종교의 차이에 관계없이 모든 사람들을 존중하고, 다양성을 존중하는 의식이자 태도를 말합니다. 자신의 문화를 소중히 여기듯이 다른 사람의 문화도 존중하는 것, 그런 태도를 가지려면 실제로 외국인과 친구가 돼 신뢰를 쌓고 많은 이야기를 나누는 경험이 필요합니다.

국제교류나 이문화 교류라고 하면 긴장하는 사람도 있는데, 세계화가 진행된 덕분에 외국인과 가볍게 교류할 수 있는 기회가 많아졌습니다. 지자체가 실시하는 것, 개인이 진행하는 것, 기업이 주관하는 것 등 곳곳에서 국제교류가 활발합니다.

십대에 외국인 친구를 가진 아이는 '사람은 모두 똑같다'는 편견 없는 가치관을 가질 수 있습니다. 용기를 내어 국내에 거주하는 외국인과 교류를 시작해보세요. 이때 무작정 아이에게 "외국인 친구를 만들어"라고 하면 거부감이 들기 때문에, 처음에는 부모와 자녀가 함께 국제교류에 참여해보기를 권합니다.

용기를 내서 행사와 교류회에 참가해 보면, 생각했던 것보다 외국 문화가 아주 가깝게 느껴질 것입니다. 외국인과 접하다 보면 우리 역사, 대중문화, 음식 등 여러 가지 질문에 대답을 해야 합니다. 간혹 우리보다 국내 문화에 대해 더 잘 아는 외국인도 있어서 그동안 알지 못했던 국내의 매력을 깨닫는 기회도 될 것입니다.

외국인과 의사소통할 때의 기본규칙

여러 활동을 통해 외국인과 의사소통할 때 필요한 기본규칙 세 가지를 알려드리겠습니다.

① 눈을 맞출 것

② 미소를 지으며 인사할 것

③ 리액션(반응)은 두 배로 과장되게 할 것

서양인은 눈맞춤에 민감합니다. 길거리나 엘리베이터에서 외국인과 만나면 모르는 사람이라도 눈을 보며 빙그레 미소를 보여주세요. 이것은 "나는 사람들과 관계를 맺기를 좋아합니다"라는 신호입니다. 그리고 미소를 지으며 인사하세요. 방긋이 웃으면서 "헬로우!"하고 말해주세요.

또한, 이야기할 때의 리액션은 두 배로 과장되게 하세요. 놀랄 때는 눈을 평소보다 두 배 크게 뜨고 "정말요?(Really?)"하고 말하면 됩니다. 맞장구를 칠 때도 조금 더 큰 반응을 보이고, 상대방의 말을 못 알아들을 때는 손바닥을 위로 향하게 하며 "모르겠어요(I don't know)"라고 말하세요. 그러면 영어를 잘하지 못하더라도 의사소통을 하려는 마음이 전해지면서 거리를 좁힐 수 있을 겁니다.

또래 외국인과 만나게 하자

외국인과 공동생활의 경험을 쌓게 하라

청소년이나 아이들에게 또래 외국인과 접할 기회를 제공하는 방법으로, 호스트 패밀리(host family, 외국인 방문객을 맞는 민박 가정)가 돼 외국인 학생이 홈스테이를 하게 하는 방법이 있습니다.

유학생을 초대하는 것은 아이는 물론이고 가족 전원에게 값진 경험이 됩니다. 유학생을 홈스테이에 초대해본 적이 있는 가정에서는 그 유학생과 평생에 걸쳐 친구가 되는 경우가 많습니다.

집이 좁아서 불가능하다고 생각하지 마세요. 집이 좁아도, 작은 아파트라도 홈스테이를 할 유학생에게는 현지의 일상을 체험할 수 있는 좋은 기회가 될 수 있습니다.

체류기간도 1주일 정도로 짧은 경우, 여름방학을 이용해 한두 달 정도인 경우, 1년간의 장기체류인 경우에 이르기까지 다양한 프로그램을 선택할 수 있습니다. 이때 여름방학 중에 한두 달 동안 유학생을 묵게 하는 프로그램을 추천합니다. 아이도 어른도 자유로운 시간이 많으니, 즐겁게 많은 시간을 교류할 수 있으니까요.

가족 중 아무도 영어를 할 줄 몰라도 문제가 되지 않습니다. 손짓, 발짓, 필담, 표정을 사용해서 필사적으로 의견을 전달하는 것이 서로에게 평생 잊지 못할 경험이 됩니다.

유학생의 홈스테이에 비용이 많이 든다는 걱정도 할 필요가 없습니다. 식사도 평소대로 제공하면 됩니다. 유학생은 평범한 현지 음식이 흥미로울 테고, 입에 안 맞는 것도 있겠지만 훗날 그것마저 추억이 됩니다.

꼭 좋은 관광지에 데려갈 필요도 없습니다. 이이가 하나 더 늘었다고 생각하고 자녀와 똑같이 대해주세요. 아이가 다니는 학교에서 수업에 참가시키거나, 지역의 축제와 행사에 데려가고, 함께 운동을 하며 바다나 산, 수영장에서 노는 일상적인 체험이 유학생에게는 귀하고도 소중한 추억이 될 것입니다.

아이도 외국인 유학생과 체험을 함께하면서 '같은 나이인데 어른스럽구나', '벌써 장래 목표가 있다니 대단한걸', '외국에 혼자 오다니 용기가 대단해', '나도 외국에 가보고 싶어' 하고 자신의 장래에 대해 진지하게 생각하는 계기가 됩니다.

해외로 나가
더 넓은 세상을 경험하게 한다

해외로 나가 보면 '사고 스위치'가 전환된다

청소년이 글로벌 의사소통능력을 키울 수 있는 가장 좋은 방법은 역시 해외 유학입니다. 아무리 싫어도, 어떤 직업을 가져도, 한적한 시골에 있어도 국제사회와의 관계가 요구되는 시대입니다. 해외 유학은 비용이 많이 드는 일이라서 신중하게 결정해야 하지만, 돈 이상의 가치를 얻을 수 있다는 큰 장점이 있습니다.

예를 들어, **해외에서 일정기간 생활하며 다른 문화와 가치관을 가진 사람들에게 둘러싸여 지내면 비로소 자신의 사고가 얼마나 치우쳐져 있는지 깨달을 수 있습니다.** 동시에 모국의 문화, 전통, 역사, 가치관의 훌륭한 부분도 이해할 수 있어요.

해외에 있으면 누구나 상대방을 그 나라를 대표하는 사람으로 대합니다. 그래서 국내에 살고 있을 때는 생각도 해보지 않은 것에 대해 깊이 생각하게 되지요. 깊이 사고하는 경험을 얻는 것만으로도 유학의 의미는 클 것입니다.

같은 아시아라도 나라가 다르면 말, 가치관, 문화가 모두 다르다

꼭 미국이나 유럽에 유학을 갈 필요는 없어요. 중국, 대만, 싱가포르 등 아시아 국가라도 충분합니다. 중요한 것은 기간인데, 2주 정도로 단기간은 권하지 않습니다. 그 나라의 국민들과 그 나라의 말로 의사소통을 할 수 있을 때까지 적어도 반년은 걸립니다. 해외에서 다른 문화의 사람들과 접하면, 세계에는 다른 가치관이 있다는 국제적인 시각을 갖게 됩니다.

물론 해외 유학은 많은 비용과 시간이 투자되어야 합니다. 대학입시와 취직에 지장이 있지는 않을까 걱정할 수도 있지요. 하지만 장기적으로 생각해보면 반년에서 1년 정도의 유학기간은 아이의 인생에 큰 전환점이 되어 좋은 영향을 기대할 수 있습니다. 장점과 단점을 꼼꼼히 파악해 도전하세요.

🔍 엄마 공부 포인트

국제적으로 의사소통이 가능한 아이로 키우기

• 자원봉사 등을 활용해 가족이 국제교류를 체험한다.
• 외국인 유학생을 홈스테이 하게 한다.

제7장

아이와 엄마가 함께 만들어가는
행복 육아법

일곱 가지 육아의 벽에 대처하기

1~2세,
아이의 짜증을 잘 넘기는 방법

응석 부리고 싶은 마음을 공감해주자

아이가 2세 전후쯤 사고력과 운동능력이 향상되면 자립하려는 마음이 강해지기 시작합니다. 모든 아이는 무엇이든 스스로의 힘으로 시도하려는 자립심을 가지고 있습니다. 하지만 동시에 엄마에게서 떨어지는 데 대한 불안과 외로움을 느끼며 '자립'과 '응석' 사이에서 마음이 흔들립니다.

'내가 직접 더 많이 해보고 싶어. 하지만 엄마의 사랑도 더 느끼고 싶어!'

그런 상반된 마음을 잘 조절하지 못해 정서불안이 생깁니다. 그 결과 "싫어", "아니야"를 연발하거나 조금이라도 마음에 들지 않는 일이 있으면 울음을 터뜨립니다. 아이의 반항적인 태도 뒤에는 '응석을 부리고 싶은' 마음이 자리하고 있다고 여기세요.

엄마는 그런 아이의 마음을 잘 살피고, 응석을 부리고 싶은 욕구를 채워주는 것이 중요합니다. 아이가 짜증을 낼 때는 꼭 안아주며 "엄마는 ○○를 너무 사랑해!" 하고 말해주세요. 그리고 아이가 진정되면 "○○는 엄마의 보물이야!"라며 아이를 받아들이는 말을 하면 됩니다.

아이가 "싫어"를 연발한다고 해서 같이 화를 내지는 마세요. 끈기 있고 상냥하게 설득하세요. 아이와 눈을 맞추고 어째서 행동을 바꿔야 하는지 그 이유를 알아듣기 쉬운 말로 알려주세요. 절대로 애 취급하지 말고 감정적인 태도를 보이지도 않아야 합니다. 침착하게 어른과 대화를 하듯이 말하면 됩니다.

그래도 짜증이 멈추지 않을 때는 마지막 수단이 필요합니다. 아이에게 간지럼을 태워 웃게 만드세요. 엄마라면 아이가 간지럼을 타는 부위를 알고 있을 것입니다.

엄마가 머리에서 김이 날 만큼 화를 내도 아이는 절대 따라주지 않아요. 하지만 웃게 해서 기분이 바뀌면 엄마의 말을 받아들일 여유도 생깁니다.

성장의 에너지를 플러스로 전환하라

2세 아이의 행동은 어른이 보기에 제멋대로인 것처럼 비칠지도 모릅니다. 하지만 관점을 바꾸면 의욕, 자주성, 자기주장을 드러내는 것이니 참으로 믿음직스러운 아이가 되고 있는 것입니다.

이때 엄마의 역할은 "안 돼!", "그만해" 하고 아이를 억누르는 것이 아니라, 아이가 가진 성장의 에너지(의욕)를 플러스로 전환시키는 것입니다. **아이가 의욕이나 호기심을 공부와 운동, 집안일 돕기에 쓸 수 있도록 유도해주세요.**

퍼즐이나 블록처럼 지능을 키워주는 장난감을 주세요. 혼자서 할 수 있는 성공체험을 늘릴 수 있는 기회입니다. 또 그림 그리기, 점토 등 창조력이 필요한 놀이에도 도전하게 하세요.

아이의 일상생활은 되도록 스스로 해결하도록 지켜봐주세요. 옷 갈아입기, 신발 신기, 식사 등 스스로 할 수 있는 일을 엄마가 도와주지 말고 아이가 하게 합니다. 시간이 걸리더라도 또 더러워지더라도 엄마는 지켜봐주세요.

아이가 자신의 의사로 하려는 일은 마지막까지 하게 내버려두세요. 믿고 느긋하게 지켜보세요. 그리고 가능하면 서투르게 해도 "혼자서 해내다니 대단하네!" 하고 크게 칭찬만 하면 됩니다.

언어능력이 발달하면 짜증은 줄어든다

2세 아이는 언어능력이 부족해서 자신의 기분을 제대로 표현하지 못합니다. 자신이 하고 싶은 말을 상대방에게 제대로 전달하지 못하는 욕구불만이 쌓이지요. 집에서는 텔레비전을 끄고 아이와 소통을 늘리세요. 자신의 감정을 말로 잘 표현하게 되면 욕구불만이나 짜증이 줄어들고 정서가 안정됩니다.

아이의 말이 늦어서 걱정하는 엄마라면 말 걸기, 노래하기, 책 읽어주기를 지금보다 두 배 이상으로 늘리세요. 아이의 입에서 금방 말이 터져 나올 것입니다.

아이의 머릿속에는 '말의 컵'이 있다고 상상해보세요. 이 컵이 말로 가득 찼을 때 비로소 입에서 말이 흘러넘치는 법입니다. 빈 컵에서 아무리 말을 끄집어내려고 해도 잘 되지 않아요.

엄마는 평소에 '말의 컵을 채워주자'는 생각으로 말을 걸고, 노래해주고, 그림책을 읽어주는 것이 중요합니다. 컵에 말이 가득 차면 반드시 입으로 말이 흘러나옵니다.

육아 대처법 2

2~4세,
아이에게 매너를 가르칠 때

새로운 환경에 아이를 참여시킬 때 주의사항

아이가 2~3세가 돼 지역사회(공공장소, 친구의 집 등)나 집단사회(어린이집이나 과외활동 등)에 참여하기 시작하면 여러 가지 규칙에 부딪힙니다. 지금까지 집에서 자유롭게 지내온 아이를 갑자기 사회로 내보내 규칙에 따르라고 하면 힘들 수밖에 없습니다.

　새로운 환경에 아이를 참여시킬 때는 반드시 미리 어디에 가서, 무엇을 할지, 어떤 것을 해야 하는지 말로 설명해주세요. 어느 날 갑자기 엄마가 아이를 어린이집에 데려가서 "선생님 말씀 잘 들어요"라고 하면 아이는 어떻게 행동해야 할지 모릅니다. 그러니 불안해져서 울음을 터뜨리고 장소를 가리지 않고 소동을 피우는 것입니다.

　어른도 아무런 설명 없이 낯선 장소에 데려간다면 불안해지기 마련입니다. 더욱이 아이에게는 더 자세한 설명이 반드시 필요합니다.

"오늘은 엄마랑 함께 어린이집에 가는 거야. 거기서 친구들하고 노래도 하고, 선생님이랑 체조도 하고, 그림도 그리면서 즐겁게 놀자. 어린이집에서는 선생님 말씀을 잘 듣는 것이 약속이야. ○○는 지킬 수 있지?"

이렇게 설명하면 2세 아이라도 분명 이해할 수 있습니다.

강요하지 말고 스스로 생각하게 만든다

훈육의 목적은 다른 사람들과 즐겁고 쾌적하게 지내는 방법을 알려주는 것입니다. 훈육이 잘 되지 않는다고 고민하는 엄마의 대부분은 훈육이 아니라 강요를 해버리지요. "안 돼!", "그러지 마!", "이렇게 해"라고 하면 아이는 움직이지 않아요.

그것보다는 어떻게 행동하면 주위 사람들과 즐겁게 지낼 수 있는지를 아이가 생각하게 하는 데 초점을 맞추세요. 그러면 아이가 적절한 행동을 스스로 선택하기 때문입니다.

아이에게 인사하는 것을 가르쳤을 때를 예로 들어볼게요.

"인사해야지" 하고 강요해도 아이는 '왜 모르는 사람에게 인사를 해야 해?' 하고 생각합니다. 이때 "웃으면서 인사하면 나도 상대방도 기분이 즐거워져" 하고 인사의 의미를 아이에게 알려주세요. 그리고 엄마와 자녀가 함께 웃으면서 인사하는 연습을 하면 됩니다.

"다른 사람을 만나면 웃으면서 인사해요. 함께 연습해볼래? ○○야, 안녕!"

이렇게 아이와 연습을 한 후에 밖에서 실천해보세요.

"오늘은 친구 집에 놀러 갈 거야. 친구를 만나면 웃으면서 인사하자"고 말합니다. 인사를 잘 하면 "○○가 밝게 인사도 잘하고 기특하네" 하며 주위 사람들이 칭찬해줍니다. 웃으며 인사하면 나도 즐겁고 기분이 밝아진다는 것을 아이도 실감하게 됩니다.

이웃 엄마들이 협력해서 아이가 웃으면서 인사할 수 있도록 서로의 집을 방문해 연습시키면 좋습니다. 인사를 잘하면 "○○는 인사도 잘하고 대단하구나!" 하고 과장되게 칭찬하는 것도 잊지 마세요.

가정에서는 엄마가 먼저 웃으며 인사하기를 실천하세요. 아이가 아침에 일어나면 "○○야 잘 잤니?" 하고 아이를 안아줍니다. 아이는 그것만으로도 기분이 좋아져요. 엄마가 늘 웃는 얼굴로 인사하려고 노력하면 아이도 자연스레 인사를 잘하는 아이로 자랍니다.

아이가 훈육을 받아들이지 않을 때는 우선 마음을 채워준다

"몇 번을 말했는데도 말을 안 들어요!", "일부러 물건을 던져요!", "짜증이 심해요!", "하루 종일 누워만 있어요!" 하고 탄식하는 엄마들이 있습니다.

원래 훈육이란 아이의 있는 그대로의 모습에 개입하는 것이며 습관을 바꾸고자 하는 것입니다. 이를 받아들일지 말지는 그때 아이의 마음의 충족도에 따라 결정됩니다.

아이의 정서가 불안정하거나 마음이 충분히 채워지지 않았을 때

훈육을 하면 잘 되지 않습니다. **아이에게 정서불안의 증상이 있을 때는 훈육을 쉬어가세요. 그리고 아이의 마음을 먼저 채워주세요.**

마음을 채워주려면 팔베개를 하고 자거나 목욕을 함께하고, 안아주고, 살과 살이 맞닿는 스킨십을 늘리는 것이 가장 좋습니다. 마음이 채워지면 아이는 훈육을 받아들일 여유가 생깁니다.

7세 이후,
공부 때문에 힘들어할 때

초등학교 저학년이라면 바로 따라잡을 수 있다

아이가 초등학교에 다니기 시작하면 아이의 문제는 공부나 대인관계에 관한 것으로 이동합니다. 학교에서는 성적이 매겨지고 아이들은 자신의 학력이 반이나 학년에서 어느 정도인지 주위 아이들과 비교하며 알아차리게 되지요.

이때 '나는 공부를 잘해'라는 자신감을 가지면 아이가 자발적으로 공부를 하고, 학력도 원만하게 정착됩니다. 공부를 잘하는 아이라는 생각을 심어주는 것이 공부를 잘하게 만드는 최고의 비결입니다.

특히 초등학교 저학년이라면 학습량이 적고 난도가 높지 않습니다. 엄마가 집중적으로 도와주면 아이는 '공부를 잘할 수 있다'는 자신감을 짧은 시간 안에 되찾을 수 있습니다. 여름방학이나 겨울방학을 이용해 부족한 공부에 매진하여 자신감을 되찾아주세요.

초등학교 저학년 때는 '긍정적 암시'가 효과적입니다.

"너는 대기만성형이야", "너는 늦게 꽃피는 타입이란다", "너는 장차 큰 인물이 될 거야", "나중에 아주 훌륭한 사람이 될 거란다", "세계적으로 활약하는 사람이 되는 거야" 이렇게 긍정적인 암시를 주면 아이는 정말로 자신이 대단하다고 생각합니다.

그리고 어떤 계기로 성공체험을 했을 때 '엄마가 한 말이 진짜였어. 나는 대기만성형이구나!' 하고 실감합니다.

그러면 스스로 노력을 계속하게 되니 정말로 성공하는 길을 걷게 되지요. 꾸준히 계속하면 누구든 일정 수준 이상의 높은 학력을 키울 수 있습니다. 결국 공부를 잘하는 아이와 못하는 아이의 차이는 '계속하느냐, 그만두느냐'에 있을 뿐입니다.

초등학교 고학년부터는 잘하는 분야를 키워주자

초등학교 고학년이 되면 학습량도 늘어나고 난도가 높아져서 따라잡기가 쉽지 않습니다. 초등학교 4학년은 학습내용이 구체적인 사고에서 추상적인 사고로 옮겨가는 하나의 경계선이자, 학력 차이가 벌어지는 시기입니다.

만약 초등학교 고학년인 아이가 공부로 힘들어하는 경우, 잘하는 과목, 비교적 성적이 좋은 과목을 집중적으로 공부시켜 자신감을 키워주세요. 체육을 잘하는 아이라면 운동교실이나 축구교실에 등록해 체육을 더 잘하게 만들면 됩니다. 잘하는 분야에서 성공체험을 거듭하면 '나는 할 수 있다'며 자신감이 커지고, 공부에도 끈질기게 매달리게 됩니다.

미술은 잘하지만 산수에 약한 아이는 미술학원에 등록하거나 개인레슨을 받도록 해주세요. 산수에 약하다고 산수 과외를 받게 하는 것보다 잘하는 분야를 키워주는 것이 자신감을 빨리 회복시키는 길입니다.

물론 취약한 분야도 그냥 내버려두면 안 되지만, 우선순위를 고려해야 합니다. 아이가 잘 못하는 분야에서 노력하려면 스스로 할 수 있다는 '자신감'이 먼저 생겨야 하니까요.

가족이 함께 모여 식사하고 잡담을 하자

하버드대학의 연구 결과, 가족이 모두 함께 식사를 하는 가정의 아이는 그렇지 않은 아이에 비해 어휘력이 풍부하고 학력이 높은 것으로 나타났습니다.

가정에서 식사를 하면 어른과 아이가 대화를 할 기회가 늘어나고, 그것이 아이의 지식, 어휘력, 의사소통능력을 발달시켜줍니다. 특히, 평소엔 엄마와 지내다가 아빠와 대화를 하면 화제의 폭이 넓어지므로 아이의 사고력을 크게 키울 수 있습니다.

이처럼 가족 전원이 함께 식사를 하는 가정의 아이는 학업, 정서, 건강, 인간관계 등 모든 면에서 다음과 같은 긍정적인 효과를 얻습니다.

① 성적이 좋다.

② 어휘력과 독서력이 높다.

③ 학습에 대한 동기 부여를 갖고 있다.

④ 정서가 안정돼 있다.

⑤ 대인관계가 원만하다.

⑥ 부모와 자식의 관계가 좋다.

⑦ 흡연이나 약물, 음주 문제가 적다.

⑧ 비만이 되는 경우가 적다.

식사 중에는 텔레비전을 끄고 부모와 자녀가 즐겁게 대화하며 화기애애한 분위기를 만드세요. 식탁에서 이루어지는 대화가 많을수록 아이는 어휘와 지식, 유머를 배우고 풍부한 의사소통을 할 수 있습니다.

프랑스, 스페인, 이탈리아처럼 오랜 역사를 가진 유럽의 국가는 긴 식사시간으로 유명합니다. 식사시간은 가족이 단란하게 보내는 시간이면서 아이들이 매너와 소통하는 법을 배우는 소중한 기회이기도 합니다.

부디 식사 중에 잔소리나 험담은 하지 마세요. 아이가 식탁에서 도망을 가버립니다. 즐거운 식사시간을 만들고자 노력하는 것은 세계적으로 통하는 매너입니다. 그러기 위해서는 먼저 부부간에 소통을 즐기는 게 좋습니다.

7세 이후, 스마트폰을 허용해야 할 때

피할 수 없으니 부모와 자녀가 함께 규칙을 정하자

"아이가 게임만 해요. 게임기를 싹 치워야 할까요?"

요즘 엄마들이 가장 많이 하는 질문 중 하나입니다. PC, 태블릿, 스마트폰 등 요즘 아이들 주위에는 첨단 기기가 넘쳐납니다. 엄마가 컴퓨터나 IT 도구에 대해 잘 몰라도 아이는 이런 기술변화를 가깝게 접하며 살아야 합니다.

실제로 미국 학교는 IT 기술 도입에 적극적입니다. 대부분의 학교가 유치원 때부터 컴퓨터나 태블릿을 수업에 도입합니다. 컴퓨터 교육은 국어, 산수, 요리, 사회와 더불어 주요 과목이 되고 있습니다.

그렇게 생각하면 게임을 완전히 없애는 것은 불가능하며, 게임도 컴퓨터 교육의 일환이라고 생각해야 하는 시대가 됐습니다. 이때 필요한 것은 게임을 어떻게 할 것인지에 대한 기준과 규칙입니다.

집에서는 컴퓨터나 스마트폰을 사용할 때 꼭 규칙을 정하세요. 부모가 일방적으로 정하면 안 됩니다. '가족회의'를 통해 이야기를 나누고 규칙을 지키지 않을 때의 벌칙도 정하세요. 그리고 그 규칙을 출력해 아이에게 서명을 받으십시오. 규칙을 어떤 식으로 만들면 좋을지 예를 살펴보겠습니다.

게임 규칙 ❶ 게임은 숙제와 과제를 끝낸 후에 할 것

게임 규칙 ❷ 게임은 한 시간 이내로 할 것, 하루 최대 두 시간을 넘기지 말 것

게임 규칙 ❸ 규칙을 위반했을 때는 일주일 동안 게임 금지, 스마트폰 압수

게임을 가지고 노는 사람에서 만드는 사람으로 만들자

가능하면 아이가 게임을 하는 데서 끝나지 않고 한 발 더 나아가 게임을 만드는 경험을 쌓도록 프로그래밍을 배우게 하세요. 프로그래밍 워크숍이나 애플리케이션 제작 체험교실에 참가시키면 됩니다.

게임이나 애플리케이션 제작을 경험하면 자신의 아이디어를 실제로 구현하는 기쁨을 느낄 수 있습니다. 나아가 애플리케이션이나 게임을 개발하는 과정은 아이의 '사고력'을 키워주지요.

마이크로소프트의 창업자인 빌 게이츠는 "모든 아이들이 프로그래밍을 배워야 한다"고 했습니다. 프로그래밍은 문제발견능력, 문제

해결능력, 논리적 사고력을 길러주는 훌륭한 교재입니다.

앞으로 미래 시대를 살아갈 아이들에게 컴퓨터 능력은 필수입니다. 적극적으로 미래 기술을 활용할 수 있는 아이, 컴퓨터 능력을 자신의 강점으로 만드는 아이로 키우면 좋습니다. 아이에게 PC, 태블릿, 스마트폰의 사용법을 가르쳐주고 학습활동이나 창조적인 활동(음악, 동영상, 그래픽 제작)까지 해내도록 이끌어주세요.

참고로, 미국의 소아과학회는 하루 중 IT 도구를 사용하는 시간(텔레비전, 태블릿, 스마트폰, 컴퓨터를 모두 포함)에 대해 다음과 같이 권장하고 있습니다.

- 0~1세 6개월 : 0시간
- 2~5세 : 1시간
- 6세 이후 : 부모와 함께 규칙 정하기

10세 이후, 아이가 엄마와 이야기하려 하지 않을 때

엄마를 성가시게 여기는 것은 건전한 변화지만 대응이 중요

자신에 관한 일, 친구들에 관한 일, 학교의 일 등 지금까지 무엇이든 지 천진난만하게 이야기해주던 아이가 10세 무렵을 기점으로 엄마와 이야기를 하지 않으려는 경우가 있습니다.

"오늘 학교에서 뭐했니?", "누구하고 놀았어?", "숙제가 많아?" 엄마가 물어도 "그냥 보통이에요", "딱히 뭐", "몰라요"라는 대답만 돌아옵니다. 이는 지극히 보통이며 아이가 건전한 성장과정인 경우가 대부분입니다. 다만 이때 대처를 잘못하면 훗날 어색한 관계가 계속 이어질 수 있으니 주의하세요.

아이가 한 사람의 인간으로서 자립하게 되면 엄마와의 대화가 왠지 쑥스럽고 어색하다고 느낍니다. 성장과 더불어 '나는 남들에게 어떻게 비칠까?'라는 자의식이 싹트기 때문이지요. 이성의 눈을 의

식하거나 친구 관계에 변화가 나타나는 것도 이 시기입니다.

동시에 자립심이 강해지므로 엄마에게 간섭받기 싫고, 자신의 사생활을 보호받으려는 마음이 커집니다. 결과적으로 엄마와 이야기를 하지 않으려 하지요. 엄마 역시 다른 사람과 이야기하고 싶을 때가 있고 싫을 때가 있는 것과 같습니다.

하지만 많은 엄마가 자녀를 애 취급하며 끈질기게 캐묻고, 질문하고, 명령하기를 반복해버립니다. 물론 엄마라면 아이가 학교에서 어떻게 지내는지, 누구와 노는지, 공부는 잘되는지 걱정도 되고 관심도 많습니다. 하지만 그런 엄마의 일방적인 마음으로 아이에게 끊임없이 캐물으면 엄마와 자녀 사이의 골은 깊어질 뿐입니다. 아이에 관한 일을 시시콜콜 캐묻지 마세요.

좋은 부모와 자녀 관계를 만드는 '잡담'의 다섯 가지 규칙

'잡담'은 아무래도 상관없는 이야기입니다. 웃기는 이야기, 실패담, 소문, 세상 돌아가는 이야기 등 가볍게 나누는 이야기, 그냥 떠오르는 대로 하는 말입니다. 회사 동료나 동네 엄마들끼리 나누는 대화 같은 것이지요.

상대방이 남이면 "오늘 뭐했어?", "어디 갔었어?", "누구랑 놀았어?" 하고 일일이 묻지 않습니다. 또 "신발 잘 정리해", "옷을 벗었으면 잘 걸어둬", "숙제해야지", "방 좀 치워" 하고 끊임없이 명령하지도 않지요.

부모와 말하지 않으려는 아이와 잡담할 때는 규칙이 있습니다.

잡담 규칙 ① 아이에게 말을 시키려고 하지 말고 먼저 화제를 꺼낼 것

잡담 규칙 ② 아이가 화제에 관심을 보이면 화제를 확대할 것

잡담 규칙 ③ 아이의 말을 중간에 끊거나 재촉하거나 부정하지 말고 끝까지 들을 것

잡담 규칙 ④ 윗사람의 시선으로 말하지 말 것(바보 취급하지 않기, 설교하지 않기)

잡담 규칙 ⑤ 이야기하기 쉬운 환경을 만들 것(차로 이동할 때나 식사를 하면서 편안한 분위기에서 이야기하기)

청소년이 되면 인간관계, 연애, 진학 등으로 반드시 벽에 부딪히고 고민하게 됩니다. 그때 가장 믿을 수 있는 상대가 부모라면 정말 좋은 관계입니다. 무엇이든 터놓을 수 있는 관계를 만들려면 서로를 인간으로서 존경해야 합니다. 부모가 아이의 비위를 맞추라는 이야기는 아니니 오해해지 마세요.

아이의 말이 줄어든다면 부모가 아이에게 질문, 캐묻기, 명령만 하고 있지는 않은지 되돌아보십시오. 그리고 **아이를 한 사람의 인격체로 여기고, 남을 대할 때처럼 존중하며 정중하게 말하세요.**

13세 이후, 십대의 반항기

사춘기의 반항은 어른이 되는 과정이니 내버려두는 것이 기본

청소년(사춘기)이 되면 아이의 문제는 반항, 인간관계(이성관계)에 관한 일, 진학과 진로에 관한 것이 중심이 됩니다. 우선 십대의 반항기는 내버려두는 것, 흘러가게 두는 것이 기본 대응입니다.

아이가 부모와 대화를 심하게 꺼리면 부모는 아이를 어린아이로 취급하지 말고 한 사람의 어른으로 대하고자 노력하세요. **아이가 먼저 말하기를 기대하지 말고 부모가 일상적인 잡담을 하며 의견을 물어봅니다.**

청소년이 되면 호르몬 균형이 달라지면서 아이는 정서가 불안정해지기 쉽습니다. 아이의 기분이 좋지 않을 때는 굳이 관여하지 않는 것이 기본입니다. 어린아이처럼 취급하며 "이렇게 하라", "저렇게 하라"고 잔소리를 하면 더 반항적인 태도를 보입니다.

청소년을 한가하게 만들지 마라

서양에서는 아이가 십대에 들어서면 '아이를 바쁘게 하기(Keep kids busy)' 위해 애씁니다. 과외활동, 학원, 취미, 봉사활동, 아르바이트 등 많은 활동에 참여시켜 다양한 사람과 교류하면 짜증이 분산됩니다. 또 바쁘면 쓸 데 없는 문제에 휘말릴 일도 줄어듭니다.

'시간 관리'를 가르쳐주는 것도 하나의 대책입니다. 자신의 일정을 스스로 관리할 수 있도록 이끌어주세요. 수첩이나 스마트폰 애플리케이션을 이용해 '시간 관리'를 하게 합니다.

만약 원하는 시간에 자고 일어나서 기분이 내킬 때 먹고 노는 불규칙한 생활을 하면, 숙제를 제출하는 것도 늦어지고, 시험공부는 진도가 안 나가고, 계속 성적이 떨어집니다. 과외활동 시간, 숙제 시간, 노는 시간, 식사 시간(저녁은 가급적 온 가족이 함께 먹기)을 정해 지키는 것을 가정의 규칙으로 삼으세요.

시간 관리가 중요한 이유는 아이가 시간을 관리하지 못하면 엄마가 "숙제해라", "빨리 해라" 하고 잔소리를 할 수밖에 없고 서로 충돌이 끊이지 않기 때문입니다. 불필요한 언쟁을 방지하기 위해서라도 스스로 자기 관리를 하도록 지도해주세요.

또한, 이 시기의 아이는 적성에 관계없이 몸을 움직이는 운동을 시키는 것이 좋습니다. 운동을 잘 못한다면 댄스나 연극도 좋아요. 몸을 움직이는 활동을 하지 않으면 스트레스를 해소할 기회가 없어 짜증이 쌓이게 됩니다.

13세 이후, 의욕이 없는 아이를 대할 때

방치하지 말고 아이와 마주할 기회를 만들자

"공부도 운동도 어중간하게 하고 집에서 뒹굴며 게임만 하는 의욕이 없는 아이는 어떻게 대응하면 좋을까요?"

우선 엄마가 마음을 바꾸어야 합니다. 의욕이 없는 아이로 키운 것은 다른 누구도 아닌 엄마니까요. 학교나 사회를 탓하지 마세요. 엄마가 아이와 진지하게 마주하고 대화하며 아이의 신뢰감과 자신감을 되찾아줘야 합니다.

집안일이든 회사일이든 일단 쉬고서라도 아이와 마주하세요. 다만 명령하거나 설교하고 의욕이 없는 이유를 캐물으면 안 됩니다. 엄마가 잔소리를 할수록 아이는 성가시다고 여기고 마음을 닫습니다. 아이와 마주하는 것은 지시나 명령을 하는 것이 아닙니다.

애당초 의욕이 없는 아이가 된 원인도 과도한 간섭 때문입니다.

"공부해라", "게임은 하지 마라", "텔레비전은 꺼라", "야무지게 행동해라"고 훈계하고 잔소리를 하며 아이의 행동을 통제한 결과입니다.

아이가 어릴 때는 있는 그대로의 아이를 받아들이고 작은 성장에도 칭찬해주었지요. 처음 일어섰을 때, 처음 말을 했을 때, 기저귀를 가져왔을 때, 자전거를 탔을 때 아이의 작은 성장을 함께 기뻐했을 것입니다.

하지만 아이가 크면서 엄마의 기대도 커지고 있는 그대로의 아이를 받아들여야 한다는 사실을 잊어버립니다. 아이를 자신의 이상에 가깝게 만들고자 지시와 통제를 시작합니다.

아무 말도 하지 말고 그저 아이와 하루를 보내라

아이를 소유물로 여기지 말고 한 사람의 인격체로서 존중하세요. 무엇보다 중요한 것은 아이와 함께 무언가를 하는 시간을 만드는 일입니다. 운동, 음악, 등산, 낚시, 게임 등 무엇이든 괜찮습니다. 부모가 좋아하는 일, 아이가 좋아하는 일을 함께하며 시간을 보내세요.

아이에게 낚시하러 가자고 말해보세요. 그리고 자연 속에서 아이와 둘이 묵묵히 낚싯줄을 드리우기만 해도 됩니다. 설교나 잔소리는 일체 하지 않고 아이와 함께 시간을 보냅시다. 아이가 게임만 한다면 부모님도 같이 게임을 하세요. 만화만 본다면 함께 만화를 보세요. 그냥 아이와 똑같은 것을 하면서 함께 시간을 보내면 됩니다.

아이와 함께 있으면 이제껏 놓쳤던 아이의 좋은 면이 눈에 들어옵니다. 게임을 아주 잘하고, 만화를 잘 그리고, 컴퓨터에 능숙한 것 등 아이의 강점을 발견하면 말로 칭찬해주세요.

엄마는 아이에게 최고의 응원단

엄마는 아이에게 최고의 응원단이 돼야 합니다. 아이의 '강점'과 '좋은 면'을 엄마가 발견해 인정하고 응원해주지 않으면 아이는 의욕을 잃어버립니다.

아이의 강점이 부모의 기대에 부응하지 않아도 반드시 인정하고 응원해주세요. 그리고 강점을 더 키워주세요. 아이의 강점이나 아이가 열중하는 분야를 엄마가 응원하고 키워줍시다. 강점이 커지면 자신감도 커지고 아이는 의욕을 되찾게 됩니다.

다음 세 가지를 꼭 실천해보세요.

- 엄마가 아이와 함께 많은 시간을 보내자.
- 지시, 명령, 잔소리, 설교를 멈추고, 인간 대 인간으로 소통하자.
- 아이의 강점과 좋아하는 것을 응원하자.

호감 있는 아이라면 시대의 변화에도 안심

지금까지는 글로벌 시대라는 것이 일부 사람들에게만 적용되는 것처럼 여겨졌습니다. 하지만 기술발전이 빠르게 진행되면서 세계가 시시각각 변하고 있습니다. 현재 세계 인구의 30명 중 한 명은 국외에서 살면서 학교에 다니고 일을 합니다. 이런 흐름을 피해갈 수는 없습니다. 미래에는 생각지도 못한 커다란 변화가 계속해서 일어날 것입니다.

그런 상황 속에서 아이에게 입시공부만 시키며 '어떻게든 되겠지', '대기업이나 유명 회사에 들어가기만 하면 괜찮다'라고 생각하는 가치관으로는 내 아이가 살아갈 미래 변화에 대응할 수 없습니다. 지금부터 엄마가 공부하며 육아를 뿌리째 바꿔야 합니다. 그러기 위해서는 세상의 단편적인 지식을 하나의 형태로 정리해 실현할 수 있게 만들어야 한다는 생각으로 이 책을 썼습니다.

커다란 변화란 다시 말하면 커다란 기회이기도 합니다. 자존감을 갖춘 호감 있는 아이로 굳건하게 키운다면, 시대의 큰 변화에도 안심하고 아이의 성장을 지켜볼 수 있습니다.

미국의 고교생이 졸업식에서 모자를 위로 던져 올리는 장면을 영화에서 본 적이 있을 텐데요. 보통 졸업식이라고 하면 '끝'이라는 이미지가 있는데, 영어로는 졸업식을 '시작(commencement)'이라고 합니다. 자녀가 부모의 둥지를 떠나 '자신의 인생을 스스로의 발로 걷기 시작한다'는 시작의 상징으로 낡은 모자(원래는 해군의 사관후보생용 모자)를 던져 올리는 것입니다.

서양에서 육아는 아이가 고등학교를 졸업할 때까지의 18년 동안이라고 생각하는 것이 일반적입니다. 18세부터는 대학 진학과 취직 등으로 부모의 품을 떠나 아이가 주체가 돼 스스로 자신의 인생을 선택합니다.

다시 말해, 100세 시대라고 하는 긴 인생에서 엄마가 육아에 관여하는 것이 18년뿐입니다. 가급적 많은 사랑을 주고, 알고 있는 것도 모두 가르치고, 많은 시간을 함께 지내세요. 그렇게 두 번 다시 되돌릴 수 없는 아이와의 소중한 시간을 가족과 함께 보내시기 바랍니다.

이 책에 엄마들에게 도움이 되는 글이 한 줄이라도 있다면 꼭 실천해보세요. 엄마 공부로 육아가 더 좋아지기를 진심으로 바랍니다.

육아를 고민하는 엄마들의 필독서

엄마가 되어 아이를 키우면서, 한 사람의 인간이 세상에서 제 몫을 하며 건강하게 살 수 있도록 키워내는 일에는 참으로 큰 책임감과 노력이 뒤따른다는 생각을 자주 합니다.

생각한 대로 되지 않을 때도 많고, 엄마의 뜻이 아이에게도 가장 좋은 선택이 될지 종종 의문과 혼란을 느끼기도 합니다. 아마 많은 엄마들이 고민하는 것일 테지요. 누가 정답을 알려주면 좋겠다는 생각이 들지만 육아 선배인 어른들(아이들의 조부모님 등)이 자녀를 키우던 시절과는 환경이 많이 달라졌고, 요구되는 자질도 변화했습니다. 그렇다고 이리저리 흔들리기만 해서는 아이도 엄마도 중요한 시기에 많은 시간을 낭비할 뿐입니다.

이 책의 저자는 일본과 미국 등지에서 교육사업을 하며 많은 아이들을 경험하고, 또 훌륭한 인재로 키워냈습니다. 저자가 말하는 아이들에게 공통된 자질, 앞으로 미래 글로벌 시대에 필요한 능력을 '자신감'. '사고력', '의사소통능력'이라고 단언한 데 이의를 제기할 사람은 많이 없을 듯합니다. 이 세 가지의 중요성을 너무나 잘 알지만 어떻게 하면 내 아이에게 이런 자질을 키워주고 '호감 있는 아이'로 만들지가 문제지요.

그런데 다행히도 저자는 '세계표준의 육아'를 외치며 부모들의 고민에 상세하게 답해줍니다. 어린 시절에 자신감과 학습자세를 키우려면 어떻게 해야 할지, 초등학교에 들어간 후의 과외활동과 학습능력을 향상시키는 방법, 남자아이와 여자아이의 다른 육아법 등에 대해 알려주고 있어요.

물론 아이들은 기질과 성향이 모두 다르니 이 책에 나오는 방법을 적용할 때도 개개인에 맞는 속도와 스타일이 필요하겠지만, 어쨌든 기본적인 부모의 역할이 무엇인지는 분명합니다. 아이의 자신감을 키워주고, '강점'을 발견해 성장시킬 수 있도록 돕는 것이지요.

그런 면에서 이 책은 적극적이면서도 통찰력 있는 부모가 되도록 응원하고 격려하고 있다는 생각이 듭니다. 아이의 '강점'과 '재능'을 찾아내고 아이의 의사와 행동을 존중하는 부모가 되려면, 적극적이면서도 세심한 통찰력을 가져야 하는구나 싶었습니다. 또한, 구체적인 방법이 나와 있어 바람직한 부모의 역할과 모습을 막연히 그려보지 않아도 된다는 점이 좋았습니다.

제 개인적으로는 과외활동을 아이가 그만두고 싶어 한다고 해서 중간에 쉽게 단념시키지 말라는 내용이 마음에 와닿았습니다. 기존의 생각과는 달랐기 때문이지요.

저는 아이가 그만두고 싶다면 시키지 않겠다는 생각을 갖고 있었는데, 이 책을 통해 '어쩌면 제가 아이를 너무 약하게만 본 것이 아닐까' 하고 되돌아보게 됐습니다. 어떤 한 가지를 배우는 과정에서 아이가 힘이 들거나 과제에 맞닥뜨릴 수도 있지만 아이에게는 그것을 이겨낼 힘이 있을 것이라는 쪽으로 생각이 바뀌었습니다. 끝끝내 어려움을 이겨낸 아이가 맛보는 성취감과 자신감이라는 열매는 더 달콤하겠지요.

그런 점에서도 아이를 엄마인 나와 동일시하거나 소유물로 여기지 않고 하나의 온전한 인격체로 받아들이는 것이 가장 중요하다고 느꼈습니다. 이 온전하면서도 미숙한 존재가 제대로 열매 맺을 수 있도록 지켜봐주고 도와주는 것이 바로 엄마의 역할이 아닌가 싶어요.

호감 있는 아이로 키우려는 많은 엄마들의 '엄마 공부'를 지지하고, 육아를 되돌아보게 만들 알찬 책이라고 생각됩니다. 세상에서 가장 소중한 존재인 우리 아이들이 자신감을 갖고, 스스로 생각하고 행동하는 힘을 키우며, 사람들과 제대로 소통할 수 있기를 바랍니다.

육아에서 가장 궁금한 것 Q&A

- · 육아 환경
- · 0~6세 아이
- · 7~12세 아이
- · 13세 이후 아이
- · 진로 및 진학

육아 환경

Q 남자아이와 여자아이는 어떻게 다르게 대해야 하나요?

A 남자아이와 여자아이를 키우는 법은 다릅니다. 남자아이는 '추켜세우며 움직이게 하는 것'이 기본이고, 여자아이는 '본보기(규칙)를 제시하는 것'이 기본입니다. 여자아이는 하루하루의 반복적인 일과를 정하고, 집안일을 돕게 하고, 인사와 예의범절 등의 규칙을 알려주면 그대로 행동하려고 합니다. 반면에 남자아이는 틀에 끼워 맞추려고 하면 실패합니다.

Q 아이를 키울 때 가장 먼저 고려할 환경요소는 무엇인가요?

A 아이를 키울 때 가장 많이 고려해야 할 것이 학교를 선택하는 것입니다. 아무리 좋은 환경에서 살아도 아이가 다니는 학교의 분위기가 나쁘면 아이에게 좋지 않습니다. 어떤 아이로 키우고 싶은지 배우자와 교육목표를 상의해 아이에게 최고의 환경을 제공해줄 학교를 찾으세요.

Q 맞벌이부부라도 육아를 잘할 수 있나요?

A 물론입니다. 아이와 함께하는 시간이 적다고 해서 좋은 육아를

못하는 것은 아닙니다. 육아는 '양보다 질'입니다. 아이와 함께 있는 시간이 많아도 부모와 자녀가 대화하지 않고 상호작용이 없다면 무의미하지요. 아이와 함께 있을 때는 텔레비전을 끄고 소통하세요. 이야기를 하고, 함께 게임을 하며 놀고, 그림책을 읽는 등 아이와 같은 활동을 하고자 노력하십시오. 맞벌이 가정에서도 아이를 훌륭하게 키울 수 있습니다.

Q 조부모에게 육아를 부탁해도 될까요?

A 현대 사회에서는 아이가 부모 이외의 어른과 접할 기회가 적어 대인관계에 취약한 아이가 늘어나고 있습니다. 그런 점에서 조부모에게 육아를 부탁하는 것은 좋은 일입니다. 미안하고 찜찜한 기분을 느낄 필요가 없습니다. 손이 부족할 때는 망설이지 말고 조부모에게 아이를 부탁하세요.

Q 남편이 아무것도 돕지 않는데, 어떻게 하면 도와주나요?

A 남편을 움직이는 것은 남자아이를 키우는 법과 똑같습니다. '부탁하기 → 감사하기 → 추켜세우기'의 순서로 부탁해보세요. "가끔은 애 좀 봐!"라고 말하지 말고 "미안한데 애 조금만 봐줄 수 있어?" 하고 정중하게 말하세요. 그리고 도와준다면 "정말로 고마워! 진짜 도움이 많이 됐어"라고 감사하며, "아기를 잘 다루네", "역시 든든한 남편이야"라고 칭찬해주면 됩니다. 육아에 소극적인 남성도 아이와

보내는 시간이 늘어나면 점차 육아가 즐거워집니다. 그러면 아이에게 더 많은 것을 알려주고 싶고, 함께 시간을 보내고 싶어합니다.

Q 컴퓨터 교육은 몇 살부터 하는 것이 좋을까요?

A 요즘은 유치원에서부터 컴퓨터 교육을 시작하는데요. 미래에는 컴퓨터 교육이 필수이며 중요합니다. 대략적으로 6세 미만의 아이는 하루에 1시간 이내, 초등학생은 2시간 이내로 이용하게 하세요. 또 컴퓨터를 사용하는 장소는 거실이나 식탁 등 가족이 있는 곳으로 하십시오.

Q 아이 방은 몇 살부터 준비하면 되나요?

A 요즘은 0세 아이라도 전용 방을 마련해주는 가정이 많습니다. 일괄적으로 말할 수는 없지만 일반적으로 초등학교 고학년 정도부터라고 생각하면 됩니다. 중요한 것은 아이가 자기 방에 틀어박혀 지내지 않도록 하는 것이에요. 방문은 언제나 열어둘 것, 아이가 숙제나 공부를 하는 것은 자신의 방이 아니라 가족이 모이는 거실이라는 규칙을 정하세요. 모르는 문제가 있으면 바로 부모에게 물어볼 수 있습니다. 거실에서 공부하는 습관을 가진 아이가 학력이 더 높은 경향이 있습니다.

· 0~6세 아이 ·

Q 훈육을 하기에 올바른 시기는 언제인가요?

A 훈육은 아이를 바르게 자립시키기 위해 행동의 지혜를 가르치는 것입니다. 훈육의 시기는 아이가 집에서 사회로 나가기 전인 3세까지가 가장 좋습니다. 이 시기에 엄마의 사랑과 함께 아이에게 알려줄 수 있다면 아이는 훈육을 비교적 원만하게 받아들입니다. 씩씩하게 인사하기, 다른 사람에게 상냥하게 대하기, 친구와 사이좋게 지내기, 다른 사람을 존경하기, 물건을 소중하게 여기기 등의 가르침은 평생에 걸쳐 아이의 인생을 즐겁게 만들어줍니다. 하지만 너무 강압적인 훈육은 오히려 역효과가 나므로 아이의 기질에 따라 잘 조절합니다.

Q 두 살짜리 아들이 다른 아이들과 장난감을 나누려고 하지 않아요

A 자신의 물건에 집착하고, 주위 사람과 사이좋게 지내지 못하는 아이는 혼자 노는 특징이 있습니다. 부모가 아이와 더 많이 놀아주세요. '역할놀이'를 통해 물건을 나누거나 다른 사람을 배려하는 법을 천천히 알려주세요. 그리고 아이와 진한 스킨십을 통해 사랑을

가득 전달해주십시오. 아이의 마음이 사랑으로 채워지면 장난감에 집착하지 않게 됩니다. 그리고 나서 "잠깐만 친구한테 빌려줄래?" 하고 엄마가 말하면 순순히 받아들입니다.

Q 어릴 때 스마트폰이나 태블릿으로 게임을 하게 해도 괜찮나요?

A 예전에는 텔레비전 육아가 있었다면 요즘은 스마트폰 육아로 대체됐지요. 텔레비전도 스마트폰도 아이의 성장에 문제를 일으킬 위험성이 있습니다. 특히 6세 미만의 어린아이에게 스마트폰이나 태블릿을 장시간 보여주면 안 됩니다. 전철 안이나 비행기 안에서 어쩔 수 없이 아이를 조용히 시켜야 할 때만 30분으로 한정해 보여주세요. 본래 아이는 스마트폰보다 부모와 노는 것을 훨씬 즐거워합니다. 부모님은 시간과 체력이 허락하는 한 아이와 함께 놀아주세요. 영유아기에 부모와 즐거운 시간을 많이 보낼수록 어휘력이 풍부해지고 지식이 늘어나며, 사교적이고 정서가 안정된 아이로 자랍니다.

Q 세 살짜리 딸이 어린이집 입구에서 떨어지지 않고 울어요

A 애착이 충분히 형성되지 않은 아이는 '엄마에게 버림받는다', '엄마와 두 번 다시 못 만날지 모른다'는 불안에 시달리기 쉽습니다. 두려워하는 아이를 억지로 밀어 넣는다고 문제가 해결되지는 않아요. "엄마는 항상 네 곁에 있을 거야"라고 아이에게 확신을 심어주

는 것이 중요합니다. 우선 스킨십을 늘리세요. 그리고 "엄마는 ○○ 와 계속 함께 있고 싶지만, 일을 하러 가야 해. 하지만 일이 끝나면 바로 데리러 올 거야"라고 말로 약속하고 상냥하게 들여보내세요.

Q 아들이 적극적이지 못하고, 무슨 일이 생기면 금방 울어 버려요

A 환경의 변화, 새로운 일, 낯선 사람을 극단적으로 두려워하는 아 이가 있습니다. 원인은 '근거 없는 자신감'이 부족하기 때문입니다. 동생이 생기거나 외로운 기분을 느꼈거나 무서운 생각이 들면 평소 와 다른 환경을 많이 두려워합니다. 그럴 때는 아이와의 스킨십을 적어도 지금의 두 배로 늘리세요. 그리고 "네가 주저하고 울어도 엄 마는 너를 정말 사랑해" 하고 아이를 그대로 받아들이는 말을 해주 십시오. 엄마에게 사랑받고 있다는 자신감이 회복되면 겁이 많은 성 격은 개선됩니다.

Q 짜증이 심한 네 살짜리 아들 때문에 애를 먹어요

A 짜증을 많이 내는 아이는 욕구불만 상태입니다. 부모가 아이의 행동을 과도하게 간섭하면 아이는 스트레스가 쌓여 짜증을 냅니다. 아이가 하고자 하는 것을 부모가 먼저 해주지는 않나요? 당분간 간 섭하지 말고 아이를 지켜보세요. 부모가 느긋하게 기다리면 짜증은 줄어듭니다.

Q 다섯 살짜리 아들이 잠시도 가만히 있질 못해요

A 차분하지 못한 아이를 억누르면 의욕을 잃을 가능성이 있습니다. 오히려 차분하지 못한 것을 '강점'의 하나로 받아들이고 운동을 시키세요. 어떤 아이든 남들과 다른 강점과 개성, 남다른 면이 있습니다. 대부분의 부모는 자녀가 책상에 앉아 조용히 공부하고 말 잘 듣는 아이로 자라기를 바랍니다. 하지만 공부에만 신경을 쓰면 아이의 강점을 키워줘야 한다는 사실을 잊어버립니다. 차분하지 못한 성격이 스포츠에서는 강점으로 작용할 수도 있습니다.

Q 아이가 거짓말을 자주 하는데, 왜 그런가요?

A 아이가 거짓말을 하는 이유는 무언가를 호소하는 마음(대개는 외로움)을 무시당했다는 불만 때문인 경우가 가장 많습니다. "왜 자꾸 거짓말만 하니!" 하고 혼내지 말고 아이가 거짓말을 하게 만든 부모의 육아를 되돌아보는 것이 먼저입니다. 많은 경우에 부모가 시끄럽게 잔소리를 하거나 끈질기게 캐물으면 아이는 거짓말을 하게 됩니다. 일방적으로 혼내지 말고 부모와 자녀 간에 스킨십과 대화를 늘리세요. 좋은 부모와 자식 관계가 되면 거짓말을 할 필요가 없어집니다.

Q 동생이 태어난 후로 큰아이가 말을 안 들어요

A 동생이 태어나면 큰아이는 반드시 질투를 합니다. 아무렇지 않은 것처럼 행동하는 아이도 분명 외로움을 느끼지요. 부모는 그 신호를 놓치지 마세요. 동생이 생겼을 때 큰아이가 이상한 행동을 하는 것은 자신에게로 관심을 끌기 위해서입니다. 그래서 온갖 나쁜 짓으로 엄마의 관심을 끌려고 하지요. 이때 "너는 형(언니)이니까 이제 엄마 좀 성가시게 하지 마!" 하고 밀어내면 안 됩니다. "외롭게 해서 미안하다"라며 사과하고 스킨십을 늘려주세요. 그러면 개선됩니다.

Q 아이의 편식은 어떻게 고쳐줘야 하나요?

A 아이의 편식은 식탁의 분위기를 개선하면 고쳐집니다. 식사 중에 잔소리는 절대 금물입니다. "빨리 먹어!", "흘리지 마" "깨끗하게 먹어야지", "밥 먹다가 일어나지 마", "밥 그릇 잘 들고 먹어", "팔꿈치 괴지 말고!" 이런 잔소리를 계속 들으면 밥을 먹고 싶지 않지요. 식사 중에는 잔소리나 싫은 소리를 하지 말고, 가족의 유대감을 강화하는 소중한 시간으로 여기고 즐거운 대화를 나누세요. 가족이 즐겁게 식사하면 부모가 일일이 말하지 않아도 아이는 무엇이든 잘 먹게 됩니다.

Q 아이가 엄마만 찾는 것 같은데, 보통 그런가요?

A 어떤 아이든 엄마에게 가장 애착을 느낍니다. 그러니 엄마를 찾는 것은 당연합니다. 아빠와 아이의 관계는 초등학교부터가 중요합니다. 아빠는 아이를 집밖으로 데리고 나가서 함께 몸을 움직이며 놀아주세요. 캐치볼이나 공차기, 술래잡기와 숨바꼭질만 해도 아이와의 유대감이 강해집니다. 아빠가 아이의 좋은 놀이상대가 돼주세요.

7~12세 아이

Q 초등학교 1학년인 아들에게 친구가 없어서 늘 혼자예요

A 아들에게 특기를 한 가지 만들어주세요. 수영, 축구, 피아노처럼 많은 아이들이 하는 것이 아니어도 됩니다. 마술, 요요, 팽이치기, 바둑, 체스, 그림, 종이접기, 탭댄스, 저글링, 연극, 트램펄린, 프로그래밍, 요리 등 주위에서 많이 하지 않는 일, 아이의 흥미를 끌 만한 과외활동, 조금 색다른 활동을 권합니다. 특기가 생기면 그 분야에서 좋은 친구들을 만들 수 있습니다. 또 학교나 사람들 앞에서 특기를 보여줄 기회가 있으면 틀림없이 인기를 얻을 것입니다. 특기는 아이의 자신감을 키워주는 특효약이거든요.

Q 아이가 숙제를 안 하려고 해요

A 아이가 숙제나 공부를 하지 않으려는 이유는 '잘 못하기 때문'입니다. 초등학교에 다니는 동안에는 부모가 선생님이 돼 가르쳐주세요. 혼자서도 술술 잘하게 되면 숙제를 싫어할 리가 없습니다. 혼자서 공부하게 한 아이 중에 숙제를 싫어하는 경우가 많습니다. 반드시 부모가 함께 있는 곳에서 아이에게 숙제를 하게 하세요. 그리고 "잘 모르는 부분은 물어보렴" 하고 말해주십시오. 이때 한 문제

에 15분 이상이 되면 공부를 싫어할 수도 있으므로, 숙제는 가능한 짧은 시간 안에 마칠 수 있도록 부모님이 도와주세요.

Q 아이가 공부할 때 스스로 확인하는 습관이 안 잡혔는데, 어떻게 가르치면 되나요?

A 남자아이를 키울 때 매우 많이 하는 고민입니다. 산수문제를 풀때 부주의해 실수를 반복하고, 푸는 방법을 아는데도 제대로 확인하지 않아 시험에서 안 좋은 점수를 받지요. 이 문제는 아이 자신이 '정확하게 확인하는 버릇'을 키우지 않으면 해결되지 않습니다. 부모나 선생님이 아무리 말해도 아이가 진심으로 스스로 고치려 하지 않으면 개선되지 않습니다. 산수 계산에서 실수를 하면 내버려두지 말고, 올바른 답을 알 때까지 다시 풀게 하세요. 틀린 답은 지우개로 지우지 마세요. 틀린 답 옆에 올바른 답을 적게 하는 것입니다. 이미한 실수를 지워버리면 같은 실수를 계속 반복합니다. 자신의 부주의를 확인시키기 위해 일부러 틀린 답을 남겨두세요. '정확하게 확인하는 버릇'을 키우려면 시간이 많이 걸립니다. 끈기 있게 아이의 공부(실수를 바로잡는 작업이 중요)를 함께 도와주세요.

Q 초등학교 3학년인 아들이 다섯 살짜리 동생이랑 싸움만 해요

A 동생이 태어났을 때 큰아이에게 같이 돌보자고 부탁하지 않으

면 큰아이는 동생을 라이벌로 여깁니다. 개선하려면 엄마가 큰아이에게 더 많이 기대세요. 집안일 돕기와 물건 옮기기 등을 부탁하십시오. 그리고 아이가 도와주면 "고마워, 형은 진짜 든든해!"라며 감사의 말을 전하면 됩니다. 형의 자신감이 커지면 형제간의 싸움은 줄어듭니다.

Q 아이가 학교에서 따돌림을 당하는 것 같아요

A 따돌림은 다양성(이질적인 것)을 받아들이지 못하는 사회에서 많이 발생합니다. 자녀는 분명 남들과 다른 개성이나 특성을 가지고 있을 겁니다. 하지만 예를 들어, 기가 약하다는 것을 뒤집어보면 상냥하다, 착하다는 훌륭한 강점이 될 수 있습니다. 아이를 바꿀 필요는 없습니다. 부모는 아이의 개성을 지켜줘야 하므로 따돌림의 기미가 보인다면 망설이지 말고 학교와 상의하세요. 목숨을 걸고 아이를 지키는 것이 부모의 사명입니다. 또, 이런 문제를 아이와 상의하기 위해서는 친구 관계를 캐묻지 말고 잡담을 하세요. 부모와 자녀 간에 소통이 늘어나면 아이는 고민거리를 털어 놓기 쉬워집니다.

Q 아이가 게임기를 갖고 싶어 하는데 사줘도 될까요?

A 아이에게 게임기를 사줘야 하는가 말아야 하는가? 이것은 전세계의 부모가 공통으로 고민하는 문제입니다. 요즘은 게임을 아이가 사회성을 익히는 도구의 하나로 생각하며, 초등학생이 되면 사주는

경우가 많습니다. 하지만 방에 틀어박혀 게임만 하는 것은 안 됩니다. 가족이 있는 장소, 거실의 텔레비전을 이용해 게임을 하게 하세요. 또 아이가 어떤 게임을 하는지 민감하게 살펴볼 필요가 있습니다. 폭력적이거나 자극이 강한 게임을 하게 하면 안 되니까요. 또 게임에 열중하다 보면 중독증상이 나타나기도 합니다. 아이의 모습을 관찰하면서 게임시간의 규칙을 정하십시오.

Q 아이가 방에 틀어박혀 게임만 해요

A 외동아이에게 많이 나타나는 현상입니다. 게임, 스마트폰, PC는 가정에서 규칙을 정해 아이에게 하게 하는 것이 중요합니다. 게임을 할 때는 한 번에 1시간 이내, 식사 중에는 스마트폰 사용 금지, PC는 거실에서 이용할 것 등 가정의 규칙을 아이와 함께 이야기해서 정해보세요. 무엇보다도 부모와 자녀 사이의 잡담을 늘리세요. 초등학교 고학년이 되면 부모와의 대화하는 것을 피하기 쉽습니다. 지시와 명령을 줄이고 정말 잡담한다는 마음으로 이야기하세요.

Q 공부를 시키기 위해 학원에 보내야만 하나요?

A 아이의 공부는 부모가 봐주는 것이 이상적입니다. 초등학교 수준의 내용이라면 대부분의 부모가 가르칠 수 있습니다. 다만 학습내용이 어려워지기 시작하는 초등학교 4학년을 기점으로 학습에 뒤처지는 아이들이 늘어나므로 주의해야 합니다. 또한, 부모가 선생님이

되면 아이가 응석을 부리는 경우도 자주 보입니다. 아이의 성장, 학습태도, 학습수준 등을 잘 판단해 필요하다면 학원이나 가정교사의 도움을 받으세요.

Q 아이가 과외활동을 그만두고 싶다고 하는데, 어떻게 대응해야 할까요?

A 과외활동을 아이가 그만두고 싶어 한다고 해서 쉽게 그만두게 하면 안 됩니다. 대부분의 경우에 그만두려는 원인은 '잘 못하기 때문'이라는 것을 기억하세요. 즉, 잘할 수 있게 해주면 계속한다는 말이지요. 부모가 지원할 수 있는 활동이라면 가정에서 연습을 통해 실력을 향상시켜주세요. 부모가 가르치기 어려운 활동이면 전문적인 선생님이나 코치의 도움을 받으세요. 실력이 생기면 아이는 계속하고 싶어 할 겁니다.

13세 이후 아이

Q 중학교에 들어간 후 학교 성적이 많이 떨어졌어요

A 감수성이 풍부해지는 시기에는 여러 가지 이유로 학력이 제자리걸음을 하는 경우가 많습니다. "공부 좀 더 열심히 해!"라며 채근하지 말고 필요한 지원을 해주세요. 중학생이 돼 학습내용이 어려워지면 아이의 힘만으로 해결하지 못하는 것도 많아집니다. 그런 일이 쌓이면 점차 성적이 떨어지게 되지요. 부모가 도울 수 없는 경우에는 학원에 보내는 등 공부할 수 있는 환경을 만들어줘야 합니다.

Q 아들이 매일 누워서 뒹굴거리기만 해요

A 아이를 바쁘게 만드세요(Keep kids busy). 아이의 강점을 살릴 수 있는 과외활동, 클럽활동에 참여시키세요. 자신의 능력을 살릴 수 있는 곳을 찾아내는 건 아이의 힘만으로는 어렵습니다. 엄마가 아이와 함께 아이의 좋은 면, 남들과 다른 면을 발견해 키워주는 활동을 찾아서 참여하게 하세요.

Q 딸이 "짜증 나!"라고 말하는데 어떻게 대처하면 될까요?

A 청소년의 반항기는 성장의 과정입니다. 자립하지 않으면 안 되

는 자신과 어린아이로 있고 싶은 자신 사이의 갈등이 짜증의 원인이지요. 또 호르몬 균형이 바뀌면서 특별한 이유도 없이 그냥 반항적인 태도를 보이기도 합니다. 반항기는 지나갈 때까지 내버려두는 것이 오히려 방법입니다. 심하게 꾸짖거나 잔소리를 하면 오히려 반항이 길어집니다. 부모는 의연한 태도를 보이는 것이 중요합니다.

Q 아들이 나쁜 무리와 어울리는 것 같아요

A 아이가 한가하면 나쁜 무리와 어울리기 쉬워집니다. 아이를 바쁘게 만드세요. 또 부모와 자녀 사이의 잡담을 늘려서 무엇이든 터놓을 수 있는 관계를 만드세요. 덮어놓고 화를 낸다고 해서 문제가 해결되지는 않습니다. 좋은 부모와 자녀 관계를 유지하면 아이는 나쁜 길로 빠지지 않아요. 아이의 강점을 키워주는 활동에 참여시켜 자신감을 키우도록 배려해주십시오.

Q 딸이 매일 소셜 미디어로 노는 듯해서 걱정입니다

A 라인이나 페이스북 등 소셜 미디어는 의사소통을 하는 하나의 도구입니다. 요즘엔 소셜 미디어에 대해 관심이 많아서, 아이에게 어느 정도의 자유를 부여해야 하는지에 대해 많은 논의가 있습니다. 무엇보다 중요한 것은 부모와 자녀의 대화입니다. 중학생 정도의 나이가 되면 부모와 자녀의 잡담이 확연히 줄어듭니다. 아이가 누구와 무엇을 하는지 부모가 파악하지 못한다면 문제입니다. 무엇이든 터

놓고 말할 수 있는 친밀한 관계를 만드세요. 스마트폰만 보는 아이에게는 더더욱 부모와의 대화가 필요합니다. 또 소셜 미디어는 따돌림에도 이용되니 주의해야 해요. 시간이 남아도는 아이들이 소셜 미디어를 공격의 도구로 삼습니다. 자녀가 따돌림의 대상이 되면 부모가 적극적으로 지켜줘야 합니다. 아이와 이야기를 통해 대책을 마련하세요.

Q 딸에게 남자친구가 있는 것 같아요

A 귀가시간, 미디어 이용에 대한 규칙을 만드세요. 아이와 함께 이야기하는 시간을 만들고 서로 납득할 수 있는 규칙을 만드는 것이 중요합니다. 무턱대고 교제를 부정해서는 안 돼요. 부모와 자녀의 대화를 늘리고 장래의 목표를 가지도록 이끌어주세요.

Q 딸이 화장을 하고 학교에 가요

A 아이가 사춘기가 되면 자신의 외모에 많은 신경을 씁니다. 학교의 규칙은 지켜야 하지만, 자신의 외모 콤플렉스를 줄일 목적이라면 인정해줘도 되지 않을까요? 최근엔 초등학생이라도 화장을 일부 인정합니다. 용모 또한 하나의 개성이며 자기표현의 일부라고 여기기 때문이지요. 동시에 아이의 좋은 면, 강점을 키우는 방향으로 눈을 돌리세요. 강점이 커지면 아이의 약점은 두드러지지 않게 됩니다.

Q 아들이 아르바이트를 하고 싶다고 해요

A 아르바이트는 학업이나 과외활동에 지장이 없는 범위에서 하게 하세요. 아이가 어릴 때부터 사회경험을 쌓으면 사회와 직접 소통하는 법을 배울 수 있으며, 노동의 가치를 알 수 있고, 다양한 사람과 만날 수 있습니다. 서양에서는 아이가 여름방학에 아르바이트를 해서 사회경험을 쌓는 것이 당연한 일입니다. 아르바이트가 아니더라도 봉사활동이나 여름캠프 등의 활동에 참가시키면 학교 친구들과는 다른 다양한 사람들과 교류하는 경험을 쌓을 수 있습니다.

Q 아이가 식사 중에도 핸드폰을 놓지 않아요

A 가정 내의 미디어 사용에 관한 규칙을 만드세요. 식사는 가족이 대화를 하는 시간입니다. 텔레비전을 끄고 스마트폰은 금지하는 것이 당연합니다. 또한, 식사 중에는 잔소리를 하거나 캐묻지 않아야 합니다. 즐거운 대화를 하도록 하세요.

Q 아이가 친구 관계가 좋지 않아 학교에 가기 싫어해요

A 모든 아이에게는 분명한 개성이 있습니다. 자신을 바꾸면서까지 억지로 마음이 맞지 않는 친구들과 사귈 필요는 없어요. 부모라면 아이의 개성을 지켜주세요. 아이의 장점과 개성을 살릴 수 있는 과외활동이나 클럽활동을 함께 찾아보십시오. 분명히 좋은 친구들을 만날 수 있을 것입니다. 그러면 학교생활도 점차 개선될 겁니다.

Q 아이가 클럽활동을 계속해야 할지 고민하는 것 같아요

A 어느 정도 학년이 올라가면 클럽활동에서 자신의 위치(기능 수준)가 명확해집니다. 아무리 노력해도 재능 면에서 따라가지 못한다는 생각에 클럽활동을 그만두려는 것이겠지요. 하지만 부모님은 끝까지 계속하도록 권하십시오. 무슨 일이든 포기하지 않고 계속하는 것이 아이의 인생에 미치는 영향은 상상 이상으로 큽니다.

Q 아이가 입시를 앞두고 있는데 목표가 없어 진로 선택을
　　못하고 있어요

A 자신이 무엇을 하고 싶은지 모르는 아이들이 늘어나고 있습니다. 부모가 아이의 강점을 키워주지 못했기 때문일 테지요. 이제부터라도 늦지 않습니다. 아이의 좋은 면, 강점, 남들과 다른 면을 부모가 말해주세요. 그리고 강점을 살리려면 어떤 대학의 어떤 학부에 진학하면 좋을지, 아이와 함께 생각해봅시다. 아이가 인생의 중요한 선택을 할 때는 부모의 지원과 조언이 필요합니다.

Q 아이를 느긋하게 키우고 싶은데 조기교육이 필요할까요?

A 현재 사회는 무엇이든 앞서갑니다. 그렇게 생각하면 어느 정도의 조기교육은 필요하지요. 가정에서 아무런 훈련도 없이 초등학교에 들어가면, 아이가 공부를 따라가지 못해 힘들어합니다. 요즘을 보통 초등학교 1학년이 됐을 때 주위 아이들이 모두 글자를 읽고 쓸수 있습니다. 취학 전에 공부를 가르칠 필요가 없다고 많이 얘기하지만, 사실은 기초 학력과 학습태도를 만들어서 학교에 보내는 것이 기본이지요. 초등학교 1년 때 이미 '공부를 잘하는 아이'와 '공부를 못하는 아이'가 분명히 나뉜다는 사실을 기억하세요.

Q 몇 살부터 공부를 시키는 것이 정답일까요?

A 아이의 학습 면에서는 습관 형성이 가장 중요합니다. 일부 조기교육기관처럼 지식을 선행해 주입하기보다는 아이의 공부를 대하는 태도를 키워주는 것이 훨씬 중요해요. 훈육과 마찬가지로 아이의 학습 습관은 초등학교에 들어가기 전, 0~6세 사이에 잡아주는 것이 가장 적절합니다. 이 시기에 좋은 학습 습관을 형성한 아이는 평생 공부로 힘들어할 일이 없습니다.

Q 초등학교 저학년 이후, 본격적으로 시험을 보기 시작하면 어떻게 해야 하나요?

A 성적에만 신경을 쓰면 아이와는 상관없는 주입식 교육이 돼 아이의 발달에 악영향을 줄 수 있습니다. 지식을 주입하고 시험문제를 푸는 데만 혈안이 되면 "왜 이것도 못하니!", "○○는 잘하잖아!"라는 부정과 비교, 깎아내리는 말이 부모의 입에서 자기도 모르게 튀어나오지요. 또 낮은 시험점수 때문에 부모가 실망하는 모습을 보면 아이는 큰 충격을 받고 자신감이 무너집니다.

초등학교 때는 성적을 목표로 삼지 말고 자신감, 사고력, 의사소통 능력을 키우는 데 중점을 두고 육아를 하세요. 그러면 똑똑함과 씩씩함을 겸비한 아이로 자라게 됩니다. 주입식 교육은 편향된 인격 형성으로 이어질 수 있으니 주의하기 바랍니다.

Q 초등학교에 들어가면서부터는 아이의 고유한 성격을 어떻게 살려줘야 하나요?

A 아이의 개성은 부모가 지켜주는 것입니다. 학교의 지도방법에 의문이 든다면 선생님과 상의하세요. 선생님은 여러 학생을 동시에 가르치므로 한 명 한 명을 적성과 개성에 맞춰 세심하게 지도하기란 물리적으로 불가능합니다. 선생님과 의사소통을 적극적으로 해서 선생님이 아이에 대해 더 잘 알 수 있도록 도와주세요. 아이의 특성을 알면 선생님이 더 적절히 지도할 수 있게 됩니다. 아이의 교육을

학교에만 맡겨두면 학력도 개성도 키우지 못합니다. 반드시 부모가 참여해야 합니다.

Q 국제학교로 보내면 무조건 좋은가요?

A 국제학교는 국내에서 해외의 학교와 동일한 교육을 받을 수 있는 기관입니다. 공교육에 의문을 가지는 부모, 해외의 대학에 진학시키고자 희망하는 부모, 장래에 해외로 이주할 계획이 있는 부모 등 명확한 목적이 있는 경우에 국제학교를 선택할 수 있겠지요. 다만 국제학교에 보내는 전제로 부모 중 한 사람은 영어를 할 수 있어야 하고, 해외 대학의 시스템에 대해 알고 있는 것이 중요합니다. 국제학교에 다니면 자동으로 영어실력이 생기고 학력이 좋아지며 국제성을 키울 수 있다는 생각은 위험합니다. 부모의 지속적인 지원이 없으면 만족스러운 영어실력조차 키우지 못하게 되고, 수업에 따라가지 못하니 아이는 자신감을 잃게 됩니다.

Q 학교에 들어갈 때 공립과 사립 중 어디가 낫나요?

A 미국에서는 공립을 선택하는 가장 큰 이유가 저렴한 학비 때문입니다. 그래서 수준 높은 공립학교(학비는 무료)에 아이를 보내기 위해 이사를 하는 것이 당연시됩니다. 일반적으로 공립은 사립에 비해 교육의 질이 떨어질 것이라고 생각하지만, 요즘은 여러 가지 아이디어를 통해 독창적인 교육을 하는 공립학교도 늘어나고 있습니다.

사립을 선택하는 가장 큰 이유는 환경입니다. 사립학교는 영어, 컴퓨터 등 미래 교육에 충실하고, 운동, 음악, 연극 등의 과외활동 환경도 풍부합니다. 사립학교는 독자적인 정신에 기초한 교육을 제공하므로 가정의 교육방침에 맞는 학교를 고를 수 있습니다.

학교를 선택할 때는 다양성도 고려해보세요. 교환 유학제도가 있거나 운동, 음악 등에 주력하는 학교도 매력적입니다. 물론 자녀에게 맞는 학교에 보내는 것이 최우선이지요. 중고교에 다닐 때는 감수성이 풍부한 시기입니다. 아이가 좋은 자극을 받을 수 있는 학교를 고르세요.

Q 아이가 공부가 싫어서 대학에 안 간다고 해요

A 아이가 가정에서 학업면의 지원을 받지 못하면 공부에서 뒤처지고 결국 공부를 싫어하게 됩니다. 공부 이외에 하고 싶은 일이 정해져 있다면 억지로 대학에 보낼 필요는 없습니다. 아이의 의사를 존중해 하고 싶은 일을 하게 하세요. 아직 자신이 무엇을 하고 싶은지 모르는 경우에는 부모가 아이의 강점을 알려주십시오. 그리고 그것을 키우기 위해 무엇을 해야 할지 함께 생각해보세요.

단순히 공부가 싫어서 대학에 안 간다고 하는 경우에는 청년기에 다양한 사람들과의 만남이 얼마나 중요한지 알려주십시오.

대학은 각지에서 다양한 배경을 가진 사람들이 모여 하나의 커뮤니티(공동 사회)를 형성합니다. 다양한 사람들과의 만남과 교류는 분

명 인생을 윤택하게 만듭니다. 자신이 누구이고, 어떤 인생을 살고 싶은지를 알게 되는 계기가 됩니다.

Q 아이가 연예인이 되겠다고 하는데, 응원해야 하나요?

A 이런 경우에는 아이가 자신의 강점을 깨달았다고 볼 수도 있습니다. 부모의 역할은 아이의 강점을 키워주는 것입니다. 적극 응원해주세요. 제대로 활동하기 시작하면 연예인을 꿈꾸는 많은 사람들과 교류가 늘어납니다. 때로는 자신보다 뛰어난 재능을 가진 사람도 만나겠지요. 그때 자신의 재능과 노력을 믿고 앞으로 나아가느냐, 또는 다른 길을 찾느냐를 결정하는 기회가 됩니다. 그런 경험을 중고교 시절에 할 수 있다는 것은 유익합니다.

Q 성우가 되고 싶다는 아이에게 어떻게 조언해야 할까요?

A 종합대학에는 보통 연극영화학부, 음악학부 등 예술계 학부가 있습니다. 그러니 성우, 연기자, 음악가, 연출가 등을 목표로 하는 경우 많은 학생이 관련 대학에 진학합니다. 아이가 성우가 되고 싶다면 예술계 대학으로 진학을 권해보세요. 대학에서 다양한 사람들과 만나는 경험은 성우를 꿈꾸는 데도 분명 도움이 될 것입니다. 예술계 학부에 진학하면 성우 외에도 연기자를 지망하는 사람, 음악가를 꿈꾸는 사람, 무대제작을 배우는 사람, 영화제작을 배우는 사람 등 다양한 이들을 만날 수 있습니다.

Q 아이가 입시에 실패했는데 어떻게 대해야 하나요?

A 입시는 인생에 있어 하나의 과정에 지나지 않습니다. 입시가 인생의 목표가 아님을 아이에게 잘 알려주세요. 희망하는 학교에 진학하지 못해도 얼마든지 인생은 잘 살아갈 수 있습니다. 희망하는 학교에 들어가서 노는 아이보다는, 희망하는 학교에 들어가지 못한 것을 발판으로 삼아 자신의 길을 추구하는 편이 결과적으로 성공할 가능성이 크다고 알려주십시오. 그리고 아이가 목표를 달성할 때까지 믿어주고 지원하겠다고 약속해주세요.

옮긴이 황미숙

경희대학교 국문과를 졸업하고 한국외국어대학교 통번역대학원 일본어과에서 석사학위를 취득했다.
현재 출판기획 및 일본어 전문 번역가로 활동하고 있다. 옮긴 책으로 《화날 때 쓰는 엄마 말 처방전》《엄마 코 좀 뚫어주세요》《조금 느린 아이를 위한 발달놀이 육아법》 등이 있다.

호감 있는 아이로 키우는 엄마 공부

초판 1쇄 발행 2018년 9월 18일
초판 2쇄 발행 2018년 10월 12일

지은이 후나츠 토루
옮긴이 황미숙
펴낸이 정용수

사업총괄 장충상 본부장 홍서진
편집주간 조민호 편집장 유승현
책임편집 이미순 편집 김은혜 조문채 진다영
디자인·일러스트 김지혜
영업·마케팅 윤석오 이기환 정경민 우지영
제작 김동명
관리 윤지연

펴낸곳 ㈜예문아카이브
출판등록 2016년 8월 8일 제2016-000240호
주소 서울시 마포구 동교로18길 10 2층(서교동 465-4)
문의전화 02-2038-3372 주문전화 031-955-0550 팩스 031-955-0660
이메일 archive.rights@gmail.com 홈페이지 yeamoonsa.com
블로그 blog.naver.com/yeamoonsa3 페이스북 facebook.com/yeamoonsa

한국어판 출판권 ⓒ ㈜예문아카이브, 2018
ISBN 979-11-87749-93-6 03590